生命の音楽

デニス・ノーブル 著　倉智嘉久 訳

ゲノムを超えて――
システムズバイオロジーへの招待

新曜社

Denis Noble
THE MUSIC OF LIFE
Biology Beyond the Genome

はじめに

「生命とは何か？」この問いには、多くの方法で迫ることができます。そのひとつは科学です。この立場からでさえ、いろいろな回答がありえます。というのも、現代の科学者たちは、この問いに実にさまざまな解釈をしているからです。さらには、生物学の進歩が大変急激なので、一世代ごとに、ほとんどまったく一からこの問いに取り組む必要さえあるのです。

人類が初めて遺伝物質がＤＮＡ（デオキシリボ核酸）という分子であること、そしてそれが塩基と呼ばれる4種類のとてもよく似た化学物質の長い分子の鎖であることを発見したのは、ほんの50年前のことでした。現在では、

・私たちは、人間の全ＤＮＡであるヒューマンゲノムが30億の塩基対であることを知っています。さらには、これらの塩基対のすべてを同定しました。

・私たちはまた、これらの塩基の構成がどのように蛋白質生成を行うかを知っています。おのおのの蛋白質に対して、遺伝子は鋳型を提供しています。蛋白質の構造配列は、そのＤＮＡにコード化されています。私たちはこのコードがどのように働くのか、ある程度知っています。

・その意味では、私たちは、DNAがコードする多くの蛋白質のアミノ酸配列と構造を知っています。

生物科学は、いままでこれほど急激に進歩したことはありませんでした。

それでは、このことがどのように私たちの生命観に影響を与えたでしょうか？　多くの疑問に答えが出ましたが、さらに多くの疑問がそのままになっています。私たちが到達した解答は、私たちが従ってきた研究のプロセスを反映しています。この半世紀以上にわたって、私たちは生物体をもっとも小さな要素、遺伝子、分子へと分解して、進んできました。ハンプティダンプティは何十億という部分へとバラバラにされたのです。これはとても印象的な成果です。

たとえば、いまでは、中年になって突然心臓死を引き起こすようになる遺伝子変異が特定されています。なぜある特定の時にこの遺伝子が作動するのかはなおわかってはいませんが、この連鎖の主な段階のほとんどすべてが明らかになっています。このような成功事例が次々と報告されています。しかしながらその頻度は、ヒューマンゲノム・プロジェクトが宣言されたときに楽観的に予想されたほどではありません。ヘルスケアへの利益は、ゆっくりとしたものです。

それはなぜでしょうか？　その理由がだんだんと明らかになりつつあります。これは、微小スケールの事象がどのように大きな総体にかかわるのか、ということに関係しています。私たちは多くの分子メカニズムを知っています。そしていま挑戦しているのは、その知識をスケールの大きな総体へ適用することなのです。では、私たちは生命システムの全体を支配するプロセスを理解するために、微小なスケールに関する知識をどのように使えばよいのでしょうか？　これはたやすい質問ではありません。遺伝子からそれらがコードしている蛋白質、そしてこれらの蛋白質間の相互作用へと問題が移るやいなや、とてつもなく複雑になるのです。しかし私たちはこれらの複雑性を理解する必要があります。それが分子の、そして遺伝子のデータを解釈し、「生命とは何か？」という大きな問いに、新しい有用なことばで語ることの基盤となるのです。

　これは、遺伝子情報を読むことによって生じた挑戦です。私たちは、バラバラになったハンプティダンプティを再び一つに戻すことができるでしょうか？「システムズバイオロジー」という学問が生まれたのには、このような背景があります。これは、歴史的に見ると、一世紀以上も昔からある古典的な生物学と生理学をルーツとしてはいますが、生物科学の新しく、そして重要な展開なのです。しかしながら、最近数十年間、生物学者たちはきわめて狭く生物の個々の要素の研究に集中する傾向がありました。それぞれの要素がどのような特性を持っており、それによって、短い時間のうちにどのように他の要素と相互作用するのか、というようなことを探究してきました。しかしいま、私たちは、いくつかのより大きな疑問を対象とする準備ができました。それは、システムについてです。生物のそれぞれのレベルにおいて、そのたくさんの要素は統合されたネットワーク、あるいはシステムの中に組み込まれています。そのようなシステムは、それぞれ独自の論理を持っています。単にシステムを構成する要素の特性だけを研究していては、その論理を理解することはできません。

　本書はシステムズバイオロジーについての本です。また、システムズバイオロジーの前提条件やその潜在的重要性についても述べています。生命の探究におけるこの段階において、私たちはその基本を再考する準備を整えるべきだと主張します。

分子生物学では、ある決まったものの考え方が求められます。それは、部品の名づけや振る舞いに関するものです。私たちは全体をその要素レベルにまで還元し、それらの特性を徹底的に明らかにします。生物学者はいまではそのような考え方にまったく慣れてしまっており、関心のある一般の人びとも、そう考えるようになってきています。私たちはまさに次に動きだす時期にきているのです。システムズバイオロジーこそが、私たちの向かおうとしている場所です。ただ、分子生物学とはきわめて異なった考え方が必要とされます。それは一部を取り上げるのではなく、一つにまとめる作業であり、還元ではなく、統合です。それは、還元主義のアプローチから学んだことからスタートしますが、その先へと進みます。私たちは統合についての考え方を確立する必要があります。それは還元主義の手順と同じように厳密ですが、異なったものであるはずです。これは大きな変化です。純粋に科学的なことを超えた拡がりを持っています。それは、あらゆる意味において、私たちの哲学を変革していくことになるのです。

いかにして、そのような変化を引き起こすことができるのでしょうか？　私は議論を巻きおこす本を書くことを選びました。この本では、生物学で現在受け入れられている多くの定説（ドグマ）を過激なまでに分析しています。いくつかのドグマに関しては覆しもしています。この本は、システムレベルのアプローチの必要性をはばかるところなく擁護します。それは、還元主義的分子生物学の成し得たことに私が感銘していないからではありません。それとは逆に、私は偉大なる還元主義が推進してきたすばらしい成果が、生物科学に多くの果実を実らせるところを見たいからなのです。

第5章で述べる通り、私は「正真正銘の」還元主義者として生理学の研究キャリアをスタートしました。私はいかに還元主義の科学が成功をおさめてきたかを知っていますし、私自身、自分の分野において多くの成功をおさめてきました。私は還元主義的科学の方法論を、生体内の臓器機能をシミュレーションする現在の研究で定量的に用いています。そしてそれは、ここ十数年間に、私がいかにしてバランスを調整する必要があることに気づいたか、ということでもあるのです。もしも私たちの皆がみな、下のレベルへ下のレベルへとのみ研究に精出していたら、誰もより大きな絵を見ることができないでしょうし、また大きな絵を描こうにも、何が必要なのかわからないでしょう。システムレベルでの統合は還元主義の成果があってこそ成し遂げられることですが、還元主義だけでは決して充分ではありません。

　他の論争家のように、私は比喩（たとえ話）を多く用います。また、いくつかの物語もしましょう。本書を楽しんでいただけるよう、そして読者のみなさんが揺り動かされて、現在の多くのドグマから解き放たれるようにしたいからです。

　１９４４年、エルヴィン・シュレーディンガーは注目すべき本を著しました（Schrödinger, 1944）。その中で、彼は遺伝子コードが「非周期結晶」、すなわち定期的な繰り返しのない化学物質の配列であると正確に予測しました。当時の多くの科学者たちのように、彼はＤＮＡ内よりも蛋白質内にコードが見つかるだろうと考えていたので、彼が述べたことは彼が予想していた場所にはなかったわけですが、しかしそれでもなお、それは存在していたのです。彼の洞察の多くは、それ以降私たちが理解してきたことと、とてもよく合っています。わずか１００ページ足らずで、彼はそれ以前の生物学の基本的な種々のパラダイムを転換したのです。

この本は、彼の本と同じくらいの長さです。私は最初、タイトルも同じ「生命とは何か？」にしようかと考えました。しかし、私はそこまで大胆ではありませんでした。そのかわり、私はこの本で用いた主要な比喩、すなわちシステムレベルの生命観は音楽に比すことができるという考えを反映するタイトルを選びました。もしもそうであるなら、その楽譜は何で、作曲者は誰なのでしょうか？　したがって本書全体にわたる中心的な課題は、「もしどこかにあるとするなら、生命のプログラムはどこにあるのか？」ということです。フランスのノーベル賞受賞者、ジャック・モノーとフランソワ・ジャコブは、著書の中で「遺伝子プログラム」について述べました（Monod and Jacob, 1961; Jacob, 1970）。生命体の発生のための設計図は、遺伝子の中にあるという考えです。同じ考えは、ゲノムが「生命の書」（一種の青写真）であるという表現で一般にもよく知られています。遺伝子が原因因子として主要な役割を担うという考えもまた、リチャード・ドーキンスの大きな影響を与えた本『利己的な遺伝子』（Dawkins, 1976）によって大いに強められました。

この本のテーマは、そのようなプログラムはなく、したがって生物学的システムには因果関係における特権的なレベル（階層）などないということです。第1章では、本書の残りの部分の基礎となることがらを述べています。まず、ゲノムを、うまくできた生物体を「創る」プログラムというよりは、成功している生物体を「継代」してゆくためのデータベースとして書き直すところから始まります。次のステップは、「利己的な遺伝子」という比喩を「囚人としての遺伝子」に置き換えることです。これら二つの根本的な認識の転換は、この本の残りの部分を理解していく上で必須です。「遺伝子プログラム」「生命の書」そして「利己的な遺伝子」という考えが（誤って）広く普及していることに対処する必要がある一方で、これまでこれらの考えの発展を担ってきた科学者たち自身が、そのように解釈されていることを必ずしも正しいとは考えていないということを、付け加えたいと思います。たとえば、リチャード・ドーキンスが、「プログラム」という考えについての最良の批判をいくつか書いており、彼自身、遺伝子決定論者ではまったくないのです。

本書は十章で構成されています。各章は、生命の生物学のいくつかの側面について、それぞれ異なった音楽的比喩を用いています。第1章のゲノムから始まって、第9章の脳まで進みます。そして第10章は一種のコーダ〔楽曲の終結部〕として、独自に構成されています。

謝辞

私は本書のさまざまな側面について、多くの方々と貴重な討論を行いました〔訳注1〕。心より御礼申

訳注1　以下、下記の人びとがあげられている。

Geoff Bamford, Patric Bateson, Steven Bergman, Sydney Brenner, Jonathan Cottrell, Christoph Denoth, Dario DiFrancesco, Yung Earm, David Gavaghan, Peter Hacker, Jonathan Hill, Peter Hunter, Otto Hutter, Roger Kayes, Anthony Kenny, Sung-Hee Kim, Junko Kimura, Peter Kohl, Jean-Jaques Kupiec, Ming Lei, Nicholas Leonard, Jie Liu, Denis Loiselle, Latha Menon, Alan Montefiore, Penny Noble, Ray Noble, Susan Noble, Carlos Ojeda, Etienne Roux, Ruth Schachter, Pierre Sonigo, Christine Standing, Richard Vaughan-Jones, Michael Yudkin.

し上げます。また、オックスフォード大学出版局の校正者の方々も、初期段階のさまざまな章を批評してくださいました。私はこれらの方々のフィードバックから非常に多くを得ることができました。もちろん、まだ残っている誤りや誤解についてはすべて、私の責任です。

多くの友人たち、そして第8章と第10章に取り上げた文化的側面を紹介してくださった東アジアの研究仲間に感謝します。

第1章のシリコン人間の話の原型は、２００４年にオンライン出版 *Vivant* に、'Pourquoi il nous faut une théorie biologique' と題してフランス語で発表しました。第3章の一部は、'Is the genome the book of life?', *Physiology News*（2004）, *46*, 18-2 に基づいています。第9章での対話は、'Qualia and private languages', *Physiology News*（2004）, 55, 32-3 に基づいており、それに続く物語は、最初 'Biological explanation and intentional behavior' として *Modelling the mind*（ed. K. A. Mohyeldin Said et al., Clarendon Press, Oxford, 1990）pp.97-112 に発表したものです。哲学的な背景のいくつかは、*Goals, no goals and own goals*（ed. A. Montefiore and D.Noble, Unwin Hyman, London, 1989）と、ノバルティス財団の生物科学の本質に関する会議のいくつかにおいて、発展・展開したものです。

目次

装幀＝虎尾　隆

第１章　生命のＣＤ――ゲノム

遺伝子はすべて同じ船に乗っている。

メイナード・スミス＆サトマーリ、１９９９年

少なくとも人間にとって、生きるということは経験するということです。これをどう理解したらよいでしょうか？

ひとつ明らかなことは、経験は物質に根ざしている、ということです。それらの関係は私たち自身が導き出すものです。しかしながら、それはとても複雑な作業です。そして、複雑なことは心地よいわけではないので、それを無視しがちです。

たとえば、人間の経験と物質的な現実を関係づけようとするときなどに、そうしがちです。「それはきわめて単純なんですよ」と私たちは言いますが、決してそうではないのです。

シリコン人間

一つの例を考えてみましょう。このページを書く前に、私は本当に久しぶりに大好きなシューベルトのピアノ三重奏曲変ホ長調を聴いて、リラックスしました。CDをプレイヤーにセットし、ソファに寝転びました。音楽がゆっくりとした旋律の部分にさしかかって来たときには泣いてしまいました。私が初めてこの曲を聴いたのは生演奏でしたが、いつも私の気持ちにとても強く働きかけます。誰しも、それぞれにこのような作用を及ぼすお気に入りの曲があると思います。このような作用は、必ずしもその曲自体のために起こるのではありません。それは、その曲が思い出させる情景、一緒にいた人びとや人生における出来事の重要性などがそうさせるのです。

それでは、何が私を泣かせたのでしょう？

宇宙を旅する何ものかが、この情景を見たと考えてみましょう。彼らは、炭素がシリコンに置き換わっている世界の生き物です。彼らをシリコン人間と呼びましょう。彼らは、科学フィクションに登場するアンドロイドのような特徴を持っています。彼らは私が泣いていることに気づきます。そして、部屋の中の音波を記録します。科学者として、彼らは原因と結果の流れをたどります。スピーカーからアンプ、ディスク・リーダー、そしてCDへとたどっていきます。

彼らのひとりがシリコン人語で「ユーレカ！」、すなわち「わかった」とさけびます。彼は仲間たちに、「すべての効果は、そのCD上にある高度に特異的なデジタル情報によって起こされているんだよ」と説明します。しかしながら、別のシリコン人間は懐疑的で、「ただの数字が、どうやってこんな効果を持っているの？」と問います。

このような疑問に発見者は、それは原因と結果の連鎖のもっとも基本のレベルなんだと指摘して反論します。そのデジタル情報がなければ、音楽もなく、感情の動きもないでしょう。さらに、その情報を操作して、非常に速く、あるいは非常にゆっくりと再生したり、逆向きに再生したり、あるいは一部分を移動したり、別のＣＤからほんの少し情報を移し替えたりして「変異」させただけで、その部屋の人はもう泣いたりしなくなります。実際、私は怒ってプレイヤーを止め、さらにはディスクを投げ捨ててしまうかもしれません。

ここには、原因と結果の必然的で機械的な連鎖があります。シリコン人間の行うどのような実験も、この連鎖の一方向的な性質をさらに確認することになるでしょう。アンプ、スピーカー、あるいは他の部品を種々取り替えることはできますが、ＣＤの高度に特異的なデジタル情報は取り替えることができません。そこで当然ながら彼らは、このデジタル情報が私が泣く原因である、と結論づけます。

もちろん、私たちはもっとよく知っています。私が泣いた理由には、次のような要素が含まれているでしょう。

・シューベルト、なぜなら、彼が作曲したから。
・そのピアノ三重奏団、なぜなら、彼らが心を揺さぶる演奏をしたから。
・そして、私が初めてその曲を聴き、感動して泣いたという美しい思い出。これは多分、私の記憶にあって、感傷的な背景を生み出しているでしょう。

そのＣＤにあるデジタル情報は、可能なかぎり正確にその瞬間を捉え、そしてその元の瞬間を再現することを可能にする方法にすぎないと言ってもよいでしょう。また、その情報はビニール盤上にアナログ情報として記録するなど、多くの違った方法でコードできることも私たちは知っています。それはその曲を保存し、再現することを可能にする一つのデータベースにすぎないのです。

シリコン人間という他の星からの訪問者の愚かさを嘲笑するのは簡単です。彼らは単純な説明を見いだし、それに飛びついたのでした。なんと愚かなことでしょうか！　さて、私たちは誰を嘲笑したのか用心深くないといけません。私たちも、極度に単純化されてしまった説明に陥ってしまいがちだからです。

ＤＮＡマニア

毎日のようにメディアで、多くの科学者たちによって（これは言っておかなければなりませんが）繰り返し強調されて、広く知られているドグマがあります。そのドグマは、それはシリコン人間と同じような未熟な間違いに基づいています。アンドレ・ピショ[1]はこれを、ＤＮＡマニアと呼んでいます。ＤＮＡのコード（配列）が生命の「源」であるというのは妄想であって、それはシューベルトのピアノ三重奏を聴いたときの私の反応の「原因」がＣＤであると言うのとまったく同じなのです。

この類似性は明らかです。ヒトゲノムはある意味ＣＤのようなものです。それは、デジタル情報を持っています。その仕組みを簡単にまとめてみましょう。ゲノムは一つの細胞の中のすべてのクロモソーム（染色体）のことです。それぞれのクロモソームは長いＤＮＡ分子といくつかの随伴する蛋白質から構成されています。クロモソームは伝統的に、いくつもの遺伝子という単位に分割されてきました。一つの遺伝子は、特定の蛋白質を製造するために使われるＤＮＡの一部分です。

ＤＮＡは４種類の化学物質（核酸）から構成されています。それらは、通常Ａ、Ｔ、Ｇ、Ｃという文字によって表されます[2]。それぞれのクロモソームには２本のＤＮＡの紐があり、それらがお互いに巻き付き合った二重螺旋（ダブルヘリックス）となっています。この二重螺旋構造の発見により、ワトソンとクリックは１９５３年にノーベル賞を受賞しました。片方の紐の核酸はもう一方の紐の核酸と一定の規則によって常に対になっています――ＡとＴが対となる。そして、ＧとＣが対となる。このような二つの相補的な核酸が、塩基対をつくります。ヒトゲノムは30億の塩基対の長さがあります。これらが２万から３万の遺伝子を形成しています。

それぞれの遺伝子中には、ある特定の蛋白質を特異的に合成できるように、その化学物質（核酸）が配置されています。ある蛋白質が必要となると、適切な化学「コード」が遺伝子から「読み出され」ます。これが、ある蛋白質をつくる化学物質のパターンを決めます。私たちの遺伝子は人間の体をつ

1　フランスの哲学者、科学史家。*Histoire de la notion de gène*（Pichot, 1999）の著者。

2　アデニン、チミン、グアニン、そして、シトシン

くりあげている約10万の蛋白質の配列をコードしています。遺伝子によってコードされていない蛋白質はつくられません。そういう点で、ゲノムは重要です。しかしなんと言っても、蛋白質こそが生命にとって決定的なのです。

一つの生きている細胞は、さまざまな展開が続く演劇であるということができます。分子はお互いに作用しあい、また変化します。一つの変化が他の変化を引き起こし、そして次、また次と起こっていきます。分子の相互作用の複雑な連鎖が繰り返し繰り返し起こります。私たちはこれを、「パスウェイ（経路）」と呼んでいます。細胞周期のパスウェイがあります。これは、細胞の「時間変化」に相当します。発達パスウェイもあります。細胞は成長し、分裂し、そしてたくさんの細胞をつくりだすからです。さまざまな調節系パスウェイがあります。そして、蛋白質がこれらの生化学的パスウェイのすべての主軸を形成しています。

細胞はたとえば、皮膚、骨、筋肉のような組織となり、組織は心臓や腎臓といった器官を形成します。これらすべてと免疫系やホルモン系が加わり、生物体、すなわち動物個体を形成します。動物個体は、この組織体の中のさまざまなレベルにおいて、多くの異なった方法によって動作しています。そして、この「生体機能」のすべてに、生物学者たちが言うように蛋白質が関与しているのです。

生体の因果関係は完全に一方向性であるように見えます。ＤＮＡが蛋白質の素であり、その生成された蛋白質が細胞の素となる、といった具合です。生物体そのものは単に外見であり、本当に生物体内で起こりつつあること、すなわち内部の物語は、遺伝子によってコードされた情報が発現することです。生物学者のことばで言えば、表現型は遺伝型によって「創られる」のです。この話は、とても魅惑的です。

そのために、私たちは自分で自分を目隠ししてしまっていて、遺伝的コードと生体システムのあいだの関係を、違う方向から見ることができないでいます。

この章では、それがなぜかを考えてみたいと思います。

・なぜ、私たちはこれほど遺伝子中心の見方を好むのでしょう？　この考え方の古典的でかつもっともよく知られていることば ―― 「利己的な遺伝子」というドーキンスの１９７６年の表現 ―― を検討することで、この疑問について考えることができます。
・どうしてこんなにも多くの人たちが、この見解を遺伝子決定主義として解釈するようになったのでしょうか？　この疑問はとても重要です。というのは、これから私が示すように、ドーキンス自身の解釈はそうではないからです。

さあそれでは、ＤＮＡマニアが生み出されてきた歴史的な経緯を探ってみましょう。

還元主義者の因果の連鎖から始めましょう。これは、私たちが今しがた議論した「内部の物語」です。模式図では、図１（次ページ）のようになります。

連鎖は上に向かって進んでいきます。それは、遺伝子から生物体への、「一方向性」のシステムです。還元主義者の考えは次のようなものです。すなわち、もし私たちが最下位のレベルの要素、遺伝子と蛋白質のことがすべてわかれば、生物体全体のことが明らかとなる。下のレベルのことがらに関

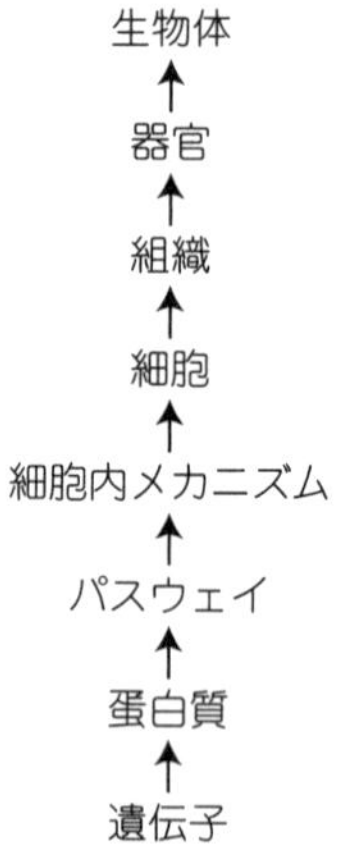

図1　還元主義者の因果の連鎖

する知識によって、上のレベルで何が起こっているのかを明らかにし、そしてそれを完全に説明することができる。私たちは、ボトムアップの方法で生物体のすべてを再構築することができる。

連鎖の最初のステップは、因果関係が異なっているので、他の上位のステップに比べて不明確です。これよりも上位の各段階においては、私たちは物理的な原因、すなわち、いかにして一つの化学反応が次の反応を引き起こすか、について話すことができます。しかしながら、最初の段階では、少しばかり違うことが起こっています。そこでは、化学反応という物理的な因果関係を超えたことが起こっているのです。この最初の段階は、コードの解読と一般的に表現されます。これはコードの転写と翻訳です。コードは生命のブループリント（青写真）とも、あるいは、モノーとジャコブの「遺伝的プログラム」というはなやかな考えに従って、生命のプログラムと呼ばれたりもします（Monod and Jacob, 1961; Jacob, 1970)。

模式図の話はこの程度にしておきましょう。この模式図には問題があり、実際の話の半分だけしか表されていません。第4章で、いかにこの図が不完全であるかがわかるでしょう。しかしながら、今のところは、この図が想定されているように包括的なものと、いったん仮定しておきましょう。

そう仮定した上で、このように問いかけてみましょう——因果のメカニズムは、ここに示されているように働いているのでしょうか？　決してそんなことはないのです！

遺伝子決定主義のさまざまな問題点

遺伝子はＤＮＡの配列によってコードされています。複製されて未来の世代へと受け継がれていくのは、これらの配列です。そのために、生物学者はそれを遺伝子複製とも呼んでいます。遺伝子決定主義は、遺伝子をもっとも基本的な因果の要素（causal agent）と見なしています。それは本当でしょうか？　結局のところ、ＤＮＡは何をしているのでしょうか？　生物学的な分子と見なすかぎり、ＤＮＡ分子はほとんど何もしていません。生命活動における本当のプレイヤーは、さまざまな蛋白質です。それらは本当に活発な分子で、生命にとって必要なさまざまな生化学的プロセスにおいて、もっとも活動（機能）しています。比較すれば、ＤＮＡはむしろ受動的です。

蛋白質は体を構成する細胞の中にある小さな工場で生産されます。生物学者はその工場をリボソームと呼んでいます。これらの工場は、ある特定の蛋白質を「つくりなさい」というメッセージを受けると働きだします。このようなメッセージはＤＮＡを使って生み出されます。ある特定の蛋白質（アミノ酸）の配列に相当するＤＮＡの（核酸）配列が、適正に「メッセンジャー」と呼ばれている他の分子にコピーされます。このメッセンジャーがリボソームにある種の配列情報を伝えます。そのメッセンジャー分子はメッセンジャーＲＮＡ（リボ核酸）と呼ばれていますが、別の種類の核酸配列です。したがって、ＤＮＡ配列はある種の鋳型と言えます。つまり、ある特異的な核酸配列であって、それが転写されてメッセージができ、そのメッセージが次に翻訳されてアミノ酸配列となり、ある蛋白質が生産されるのです。（アミノ酸とは蛋白質を構成する単位です。それはちょうど、核酸がＤＮＡの構成単位であることに相当します。）

このようなプロセスは「遺伝子発現」と呼ばれています。この用語は、すべてのプロセスが遺伝子の段階で行われているような印象、少なくとも遺伝子がすべての情報を持っており、単にそれが「発現する」必要がある、という印象を与えてしまいます。

しかし、私たちがよく言う言い方、ＤＮＡ配列が蛋白質を「決定する」と言うのは、ちょっとおかしいのです。事実は、ＤＮＡは単にそこに存在しており、ある蛋白質を生産するため必要になったときに、細胞がＤＮＡの配列をときどき読んでいるだけです。私のハイファイ装置もＣＤからデジタル情報を読んで、本当の「働き」である音楽を生み出すのですから、この細胞の作用と非常によく似ていると思います。したがって、還元主義者の原因と結果の連鎖における最初の段階は、単純な一方向のイベントではまったくないのです。ある配列が読まれるという重要なプロセスが起こると、それに続く一連のイベントが開始されます。これらは実際に物理的なイベントです。しかしながら、それは読まれる対象であると同時に、内容を読み出すプロセスでもあるわけです。

このプロセスにはいくつかの蛋白質で構成されたシステムが関与しています。私たちがこの活動の作用主体を同定するとすれば、それはこれらのシステムに違いありません。彼らはＤＮＡコードを「読む」のです。ＤＮＡは、これらの蛋白質システムを持っている細胞という文脈の外では何もしません[3]。それはちょうど、ＣＤリーダがなければＣＤが何もできないのと同じです。したがって、蛋白質を産生するためのコードを読むためのメカニズムにはその蛋白質が必要である、というパラドックスに出会うことになります。このパラドックスについては、あとの章で戻ることにしましょう。

しかし、これは単に技術的な問題ではないでしょうか？　因果の連鎖を遺伝子から始めようが蛋白質から始めようが、おそらくそれほど大したことではないでしょう。話を少し変化させて、蛋白質の配列の中に遺伝的コードがある、と言い換えてみればよいだけのことではないでしょうか？　これは、このことを考える妥当な方法なのかもしれません。ただし、一つの遺伝子が一種類の蛋白質を直接的にコードしている、すなわちＤＮＡと蛋白質のそれぞれの二つの配列がまったく同一である、と仮定していることを除いては。しかし、そうではないのです。

高等動物では、私たちがひとくくりに「遺伝子」と読んでいるＤＮＡコードのいくつものかたまりは、それぞれが必ずしも連続しているわけではありません。多くの場合、いやおそらくほとんどの場合、それらはいくつものセグメントに分かれています。これらのセグメントは「エクソン」と呼ばれていますが、「イントロン」と呼ばれるＤＮＡの非翻訳領域によって分割されています。エクソンのコードは、完全な蛋白質のコードをつくるためにさまざまな組み合わせで連結することが可能です。ＤＮＡ鎖はそれぞれの細胞の核の中で折り畳まれ三次元の形をとりますが、その方法を私たちはまだ充分には理解していません。ＤＮＡ鎖はまっすぐには存在できません。というのは、それぞれの細胞

3　ウィルスもこのルールの例外ではありません。ウィルスは再生産するために、細胞へ侵入してそのメカニズムを使用する必要があります。細胞の外では、ウィルスは再生産することができません。

は2メートルもののＤＮＡを持っていますが、それはほとんどの細胞の10万倍くらいの長さになるからです。ＤＮＡ鎖の細胞の中での折り畳まれ方によって、ある種の配列は他の配列よりも読みやすくなっているでしょう。

したがって、離れたエクソンを読み、それらを一緒にするには多くのさまざまな方法がありえます。技術的に言えば、一つの遺伝子にはしばしば多くの「スプライス変異体」があります。したがって、一つの遺伝子が一群の異なった蛋白質をコードすることができます。スプライス変異体とは、一つの遺伝子の複数のエクソンがさまざまな組み合わせで読みとられてできる一群のちがった蛋白質です(Black, 2000)。すなわち、もしある遺伝子がａ、ｂ、ｃという3つのエクソンからできていれば、その遺伝子はａ、ｂ、ｃ、ａｂ、ｂｃ、ａｃ、ａｂｃというように読まれる可能性があります。さらに、ｃｂａ、ｃａ、ｂａというような組み合わせが、違う蛋白質をコードしているかもしれません。今のところ、どのような組み合わせが可能で蛋白質をコードするのに使われているのか、そのルールは明らかになっていません。

ショウジョウバエの*Dscam*と呼ばれる遺伝子について考えてみましょう。この遺伝子は１１０のイントロンを持っています。したがって、何万ものスプライス変異体ができる可能性があります(Celotto and Graveley, 2001)。しかも、この*Dscam*遺伝子は常に同じように機能するわけではありません。ショウジョウバエのライフサイクルの中でその役割を変化させます。いずれの段階をとってみても、理論的に可能なスプライス変異体のいくつかが機能しており、他のものは働きません。その前やあとの段階では、どれが機能するかはまた違っています。

ある程度、そのような状態は細胞の環境に依存しています。たとえば、ＤＮＡ配列の転写を制御する蛋白質があります。あるものは転写を活性化し、あるものは阻害します。それらは、複雑に絡み合っています。同時に、ＤＮＡコードそのものの中に、ある特定の変異体が発現できるかどうかに影響する特性があります。遺伝子のＤＮＡ配列の中に、プロモーター配列やエンハンサー配列を見いだすことができます。したがって、遺伝子発現の制御には多種類の因子が絶妙に働き、相互作用しているのです。

転写と呼ばれる、蛋白質を生成するために遺伝子からコードをどう読み取るかの制御があり、また転写後にも制御があります。これらは、ＤＮＡそのもの以外の多くの影響に支配される、本当に複雑なプロセスなのです。

その意味するところは、ゲノムの読み取り方には多くのさまざまな方法があるということです。したがって、ＣＤを使った私の比喩には限界があります。一枚のＣＤをハイファイ装置に入れたとき、各トラックからはただ一種類の音楽だけが再生されます。このプロセスは一方向の一種類の読み取りです。対照的に、遺伝子の場合は、柔軟でさまざまな組み合わせのある読み取りとなります。賢いＣＤプレイヤーはある程度同様のことができます。いったんトラックの順番をバラバラにしてそれを並べ替えるようにプログラムして、いろいろな順番で音楽を再生するようにできます。違いは、ゲノムは想像を絶するほど多様に分解されることですが、それがどういうことになるかについては、第２章で探求することにしましょう。

この柔軟性には多くのバックアッププロセスが含まれています。したがって、ゲノムレベルでのエラーや失敗の修正をすることが可能です。実際、ある重要な遺伝子が完全にノックアウトされてしまっても、その生物体がなんとか生きのびる、ということが起こりえるのです。もしプランAが働かないならプランBが動きだして、機能を失った遺伝子が生成していた蛋白質の機能を代償する蛋白質をその細胞が生成する、ということが可能です。

蛋白質生成のもっとも基本的なレベルでのこれらの多様な影響に加えて、もっと高次レベルでの重要な複雑性を付け加えなければなりません。それは、遺伝子と生物学的機能のあいだには1対1の対応はない、ということです。したがって、厳密に言えば、遺伝子について「Xのための遺伝子」という言い方は**常に**不正確なのです。高次レベルの生物学的機能を形成するためには、多くの遺伝子産物、すなわち種々の蛋白質が共同して働かなければなりません。もし、「Xのための遺伝子」という表現を使わないといけないなら、少なくとも複数表現をして「Xのための遺伝子群」と言うべきでしょう。

しかしながら、このような言い方をしたとしても、深刻な誤解を生じてしまいます。ある生物学的機能を形成するために相互作用する蛋白質（群）をコードするのに多くの遺伝子（群）が協力するばかりではなく、それぞれの遺伝子がまた、多くの異なる機能の中で働いています。このため、遺伝子を機能によってラベルすることは困難なのです。

ここでは、生物体における高次レベルの機能について話そうとしています。さて、高次レベルの機能のいくつかについて考えてみることにしましょう。心臓のペースメーカーリズムはそのひとつです。他には、膵臓からのインスリンの分泌でしょうか。それから、脳の中のインパルスの伝導を取り上げましょう。その上で、これらの機能にかかわる下位レベルの生物学的プロセスについて考えることにしましょう。たとえば、細胞からカルシウムイオンがくみ出されるプロセスがあります。いくつかの蛋白質が組み合わさって、この効果を生み出しています。それらの蛋白質はとても重要です。というのは、カルシウムイオンは種々の細胞や器官で、多くのプロセスの制御因子として使われているからです。

高次機能のあらゆる種類の過程や状況において、カルシウムイオンを動かすこのプロセスが働き続けています。たとえば、それは先に述べた三つの機能のすべてに関与していますし、もっと他のものにも関与しています。事実、カルシウムを動かす蛋白質が、したがって必然的にそれらをコードする遺伝子群が、関与していない、ただ一つの高次機能を考えることすら難しいのです。細胞における多くの他のプロセスに対しても、まったく同じ話を繰り返すことができます。下位レベルのプロセスの多くは、さまざまな異なる機能において何度も何度も繰り返し使用されています。したがって、高次レベルでの機能は組み合わせゲームにとても似ています。

これらの遺伝子が高次レベルのいろいろな機能において果たしている、単一のあるいはさまざまな役割が同定されたとしましょう。そのリストはおそらくほとんど無限に続くものになるでしょう。それは、さまざまな生物学的機能がどのようにしてできてきたかを調べようとするときに起こることです。私たちは、ほとんど終わりのない組み合わせゲームにかかわってしまいます。というわけで、下位レベルの機能で遺伝子群をラベルする、つまりどの蛋白質をどの遺伝子がコードしているかということを示していくのは比較的容易ですが、高次レベル機能で遺伝子をラベルするのは、それに比べるとはるかに困難です。

一つの遺伝子が関与するすべての機能と、いかにその遺伝子がそれぞれの機能に関与しているかをリストするためのマニュアルを、私たちは必要としています。しかし自然は、そのようなものは提供してくれません。私たち自身でつくらないといけないのです。それが、私たちが遺伝子オントロジーと呼んでいる研究プロジェクトです。そして、このプロジェクトを進めるには、私たちは遺伝子や蛋白質を超えた視点を持たないといけません。つまり、私たちは高次機能を研究しないといけないのです。

　これが、ゲノムを「生命の本」と呼ぶ魅力的な比喩に私が反対する主な理由です（第3章）。本は記述し、説明し、図示し、そしてさらに多くのことをするでしょう。しかし、もし本を開いたときに、コンピュータプログラムの機械コードのようなただの数字の羅列を見いだしたとすれば、きっと本はどこにあるのかと尋ねることになるでしょう。そして、データベースを与えられただけなんだ、とつぶやくことになるでしょう。おそらく、私たちはそれから「本」をつくるために、別の解釈プログラムを使えるのかもしれません。しかしながら、それまでは、私たちが持っているのは、膨大な暗号だけということになるでしょう。

　ここでの私の中心的な論点は、生命の本というのは生命そのもののことだ、ということです。それは、一つのデータベースに還元することはできません。ゲノムは生命に関するデータベースの**ひとつ**にすぎないということを、明確にしましょう。生物の種々のシステムの機能は、遺伝子によって特徴づけられていない要素（たとえば、水とか脂質）の重要なさまざまな特性にも依存しています。この側面については、第3章で再び述べることにしましょう。

遺伝子決定主義はなぜアピールしたのか

これまでに発見された遺伝的情報の意味をもっとよく理解するには、その前にすべきことがあります。第2章で見るように、課題は膨大です。本当に、これらの課題を解決するのにどのくらい時間がかかるのか、見当もつかないほどです。

それでは、なぜ遺伝子決定主義者の言うことが、これほど最新の考え方として広範にアピールしたのでしょうか？　どのようにして主流となって、「この原因となる遺伝子」「あの原因となる遺伝子」ということばが頻繁に使われるようになったのでしょうか？　すべての原因となる遺伝子が見つかるのは時間の問題だと考えられるようになったのでしょうか？　私たちは、科学としての遺伝学や生物学に関する考えの発達の歴史を見つめてみる必要があります。

フランス語圏の国々と英語圏の国々のあいだには、この発展の過程に興味深いコントラストがあります。フランス語圏の国々での論争については、あとで述べることにしましょう。アングロサクソンの世界では、論争はリチャード・ドーキンス（Dawkins, 1976）のような遺伝子中心主義の見解と、スティーヴン・ジェイ・グールド（Gould, 2002）のような多レベル選択の見解とのあいだでの論争が主なものでした。

遺伝子中心の見解、すなわち「利己的な遺伝子」という見解は比喩的主張です。つまり、科学的発見をある特定の方向で解釈するために、彩色豊かな比喩（たとえ）が導入されたのです。それは、価値あるさまざまな深い洞察をもたらしました。それらの洞察は、いろいろな新しい方向へと生物科学を進展させてきました。私は、「利己的な遺伝子」という考えのインパクトと価値を否定するものではありません。しかしながら、とにかくそれは比喩なのです。直接的な経験科学の仮説ではありません。このことを示すために、私は読者の皆さんにある思考実験を提案しましょう。まず、「利己的な遺伝子」という考えの中心命題のひとつを提示しましょう。それから、それを書き換えてみます。一つの無害な文章を除いて、各サブフレーズを「対立する比喩」を使って、可能な別の言い方に書き換えてみましょう。「この対立する比喩」が、この本の残りの部分の基盤となっています。読者の皆さんの課題は、遺伝子と表現型のあいだの関係性を見るこれら二つの正反対の方法を区別することができる、実証的なテストを考えてみることです。

さて、第一は『利己的な遺伝子』のオリジナルの文章です（Dawkins, 1976: 21）。

> いま、彼らは非常に大きなコロニーの中で群れをなしている。巨大な騒々しく動くロボットの中で安全に、外界から遮断され、入り組んだ間接的な道筋で外界と交信し、遠隔操作であやつりながら。彼らはあなた方の中にも、私の中にもいる。彼らは私たちを、体を、心を創った。そして、彼らの保存こそが、私たちの存在の究極の理由なのである。

この文章の意味するところを完全に理解するよう、慎重に考えてください。この文章は、自明であるか、衝撃的か、至極もっともか、怪しいか、真実か、間違いか、意味ないか、自分に問いかけてみてください。これは、理論なのでしょうか、事実なのでしょうか、あるいはどちらでもないのでしょうか？　次に移る前に、これらについての考えをまとめてください。これらの考えは『利己的な遺伝子』の読者たちが示したものですが、これらのうちのいずれをあなたが持とうと、このテストはきっと面白い挑戦だと思います。

　さて、「彼らはあなた方の中にも、私の中にもいる」というフレーズ以外のすべてのフレーズを、反対の視点、「遺伝子は囚人だ」という視点からの書き方に置き換えてみたときにどうなるか、見てみましょう。

> 　いま、彼らは非常に大きなコロニーの中に囚われている。高度な知的存在の中に閉じ込められ、外界によって型にはめられ、複雑な経路を使って外界と交信し、その経路を通して、わけがわからないままに、魔法によるかのごとく、機能があらわれる。彼らはあなた方の中にも、私の中にもいる。私たちは彼らのコードが読まれることを可能とするシステムである。彼らの保存は、私たちが自己再生産するときに経験する喜びに完全に依存している。私たちが、彼らの存在の究極の理由なのである。

この実験は、この二つの文章を交互に並べてみると、もっと効果的でしょう。


いま、彼らは非常に大きなコロニーの中で群れをなしている。

いま、彼らは非常に大きなコロニーの中に囚われている。

巨大な騒々しく動くロボットの中で安全に、外界から遮断され、
高度な知的存在の中に閉じ込められ、外界によって型にはめられ、
入り組んだ間接的な道筋で外界と交信し、
複雑な経路を使って外界と交信し、
遠隔操作であやつりながら。

その経路を通して、わけがわからないままに、魔法によるかのごとく、機能があらわれる。

彼らはあなた方の中にも、私の中にもいる。

彼らはあなた方の中にも、私の中にもいる。

彼らは私たちを、体を、心を創った。

私たちは彼らのコードが読まれることを可能とするシステムである。

そして、彼らの保存こそが、私たちの存在の究極の理由なのである。

彼らの保存は、私たちが自己再生産するときに経験する喜びに完全に依存している。

私たちが、彼らの存在の究極の理由なのである。

この本の読者の多くにとって、このテストは奇妙で挑戦的と見えることでしょう。同じ事象に対するこんなに違った見方ですから、科学者はすでにどちらが正しいかを知っているに違いないのではないでしょうか？　ところが、私はこのテストをこれまで何度も繰り返してみましたが、いつも同じ結果となってしまいます。それは、誰もこの二つの記述の違いを実証的に見いだす実験を考えることができないように思えるということです。したがって、これらの記述は、「彼らはあなたの中にも、私の中にもいる」という明白に正しい文章以外は、経験科学の命題ではありません。これは確かに経験的なものですが、二つの記述のあいだで異なるわけではありません。

ドーキンスと私は、この点においてはまったく一致しています。ドーキンスは後に著した本の中で、「私の主張を証明するためになされうる実験があるかどうか、私は懐疑的である」と書いています（Dawkins, 1982: 1）。ドーキンスはまた、遺伝子決定主義者とはまったく違う立場をとっていることを明らかにしています。彼は『利己的な遺伝子』において、「私たちは、生まれながらに利己的な遺伝子たちに挑戦する力を持っている」（p.215）と書いています。より明確なことに、さらに最近の本（Dawkins, 2003）の一章は、「遺伝子は私たちではない」というタイトルがつけられています。『利己的な遺伝子』の読者は往々にしてこれらの側面を無視し、彼の「利己的な遺伝子」の言説だけを取り出し、遺伝子決定主義者の議論であると受け取っています。この章の最後で、『利己的な遺伝子』の中心的な比喩がなぜ遺伝子決定主義を促進してしまったのか、その理由を探ってみましょう。

ある主張の経験科学的内容の厳密なテストをするには、そのまったく反対の主張を書いてみて、それらの二つの主張を検証する実証的なテストを考えてみることです。もしそのようなテストがないのであれば、それは論者の立場によって異なりうる社会学的、論争的視点を扱っているのか、あるいは比喩を扱っているのです。もちろん、この両方を扱っているのかもしれません。なぜなら、比喩は論者の好みの手段だからです。この本も論争のためのもので、意図的に比喩やたとえ話を数多く使っています。遺伝子を「生理機能の囚人」と捉えることは、それを「利己的」と言い表すのと同じく比喩なのです。私は、この別種の主張に対して、何ら実証的根拠を主張するものではありません。これらの表現のどちらをあなたが好むかは、何らかの科学的知識によるのではありません。これら二つの比喩のどちらによっても、色彩豊かに解釈されうるすばらしい科学があるのです。問題は、これらの比喩の限界にあるのです。

「利己的」ということばは、ある遺伝子がある生物体に選択的な利益を与えることができ、それによって「利己的」に遺伝子自身の存続と継代を確保するという考えに基づいています。その拡張として、見かけ上「非利己的」である、とても限定されたかたちの利他主義が、近縁者の中での遺伝子の生存のチャンスに影響することによって、起こりえます。この考えは、最初にウィリアム・ハミルトンによって数学的に主張されました。このようなモデルは、「利己的な遺伝子」という視点から理解できるものです。すなわち、自身を犠牲にして近縁者に存在する相補的な遺伝子の生存をはかるというもので、この行動を選ぶ遺伝子も生存のチャンスが向上するでしょう。遺伝子中心の視点は、生存のための競争において、おのおのの遺伝子の個別的利益に注目しているのです。

一方、「囚人としての遺伝子」という見方は、それぞれの遺伝子が生理的機能を形成するためには、他の多くの遺伝子と共同する必要があることを強調しています。そのために、それぞれの遺伝子は強い制限を受けているのです。この見方は、単独で選択される遺伝子はないという事実を強調しています。ある遺伝子の生存は、多くの他の遺伝子の生存に依存しています。それらは共同して生理機能をコードしていますが、その生理機能がこれらの遺伝子群の生存に選択的な利益を付与することになります。したがって、他の多くの遺伝子と協同して働く遺伝子は、その生存のチャンスも向上することになります。

　それぞれの比喩は、良い点もあれば悪い点もあります。私たちがいま何を行っているのか、そして比喩がどのように働いているのかを正しく理解しているかぎり、つまり、比喩の基本となる考えのどの部分が対象とされている科学的標的によく合うのかを知っているかぎりにおいては、それらの比喩を使っても悪いことは生じないでしょう。本章の最後で、遺伝子に対するさまざまな対立する比喩を位置づけてみましょう。この本を通じて、私の比喩の限界についても明らかにします。中心的な比喩がみな消えてしまう劇的な最後を含めて。

　どのような比喩も、表現しようとする状況を完全に包含することはできません。それらは、ある側面を強調していますが、他の側面を犠牲にしているのです。比喩をあまりに文字通りに受け取ったり、その適用の限界を超えて拡張したり、科学的に唯一正確なものとして捉えたりすると、弊害が起こります。還元主義の比喩の場合に見られるこの傾向に対する有効な防止法は、遺伝子はＣＤ上のデジタル情報のように、データベースの記号にすぎないこと、それ自身では決定論的に何も「プログラム」していないこと、そして、生き、あるいは死ぬのは生物体であり、したがって進化の選択の基盤となるのは生物体であることを忘れないことです。この本を読んでいけば、私がなぜこの見方をしているのかを理解していただけるでしょう。

生命は蛋白質のスープではない

アングロサクソンの世界における進化論の論争においては、スティーヴン・ジェイ・グールドとリチャード・ドーキンスのあいだのものが支配的であったことをすでに述べました。私の立場はドーキンスよりもグールドに近いものですが、必ずしもどちらかの見方に完全に一致しているわけではありません。問題のひとつは、その論争があまりに両極端で、微妙なことばの意味に依存しているので、現代科学というよりも中世の論争のような印象を持ってしまうことです。もし、比喩の役割を素直に理解し、分析するならば、両者のあいだにかかる雲は直ちに晴れるように思います。言語学、哲学や認知心理学の研究には比喩についての膨大な文献がありますが（Kovecses, 2002; Lakoff and Johnson, 2003）、科学においてはこれが研究されることは非常に少ないのです。

異なる比喩は、それらが対立しているとしても、同じ状況の異なる側面を照らすことができます。それらの側面のそれぞれは、比喩自身がまったく相容れないものであったとしても、正しいかもしれないのです。それを認識すれば、比喩はとても有益です。したがって、私たちは経験的に異なる記述のあいだの対立とは異なったやり方で、比喩のあいだの対立を扱うべきです。比喩は、洞察という点において、そして、単純性、美しさ、創造性といった基準において、お互いに対立し、争っているのです。これらの諸点は、経験的な正しさを超えて、科学的理論を判断するときに私たちが使う判断基準です。しかしながら、科学的理論が生き残ったり、死んだりするのは、結局のところ、経験主義的なテストによるのです。

還元主義者のレベルで遺伝子に関して述べられていることの多くが、どうどう巡りになっていることも、私たちは認識する必要があります。ある遺伝子の分子としての成功は、それ自身を可能なかぎり複製して、遺伝子プールの中でのその頻度を増大させることです。「利己的」な遺伝子という考えのレベルにおいては、成功に対する他の基準は無視しがちです。たとえば、多くの遺伝子が同時に関係してできる、高次レベルのネットワークにおける統合的（あるいは協調的）特性などの基準です。これは、ある遺伝子、もっと正確には、ある遺伝子群が成功する生物的な理由となります。

ある遺伝子の成功というのは、その遺伝子が高次の機能発現に関与することによることを、理解する必要があります。結局は、このことがある生物体が選択の過程で有利になることを可能にします。したがって、ある遺伝子の成功を説明する論理はそのＤＮＡコードにあるのではなく、そのコードがどう解釈され、その解釈が全体として成功する生命の論理にいかに適合するか、ということによるのです。

「遺伝子とは何か？」というような根本的な疑問についても、考え直す必要があります。その答えはそれほど明白ではありません。多くの遺伝子の部品を形成する修飾コード部位のことや、多くの異なる蛋白質をコードする遺伝子のこと、そして進化に伴って完全にその機能を変える遺伝子のことを考えなければならないのです。このことは、遺伝子はそのコードによって定義されるのか、あるいはその機能によって定義されるのか、という疑問を投げかけます。

さらには、ＤＮＡ鎖の三次元的配置は、どのようにＤＮＡ配列が読まれるか、ということにおいて重要です。これはおそらく、どのスプライス変異体が他のものに比べて読まれやすいかを、決定しています。自然はずっとご都合主義的でした。自然は、何も人間がそれを読もうとするときに便利なようにゲノムのデータベースを整頓しておく必要はありませんでした。あるいは、自然はアダムが動物たちを名づけたごとくに、それぞれの遺伝子が貢献する機能の名前をつけることから始めたわけではまったくありません。自然は偶然によって、可能なかぎりの機能的組み合わせを試しました。それらの組み合わせのうちのほんの少しだけが、高次レベルで現実的に妥当でした。そして、その成功と失敗を決定したのは、この高次レベルにおいてなのでした。

私が主張しているシステムレベルの見方から見ると、遺伝子と蛋白質は、レゴなどの子供のおもちゃの積み立てブロックのように思えます。それらは、多くの違った方法で配置することができる要素です。そして、まったく同じ要素でも、それらが他のいろいろな要素とどのような相互作用を起こすように配置されるかによって、違う役割を果たすことができるのです。これが、私が遺伝子発現のパターンを強調する理由です。まったく同じ遺伝子でも、発現パターンが違うと、とても違った生理的機能を成立させることができるのです。

それゆえ、21世紀の生物学の偉大な挑戦は、蛋白質のシステムレベルでの相互作用から表現型を説明することです。これについて、分子遺伝学が答えられることはほとんどありません。実際、ゲノムを正しく解釈するためには、これを明らかにすることが必須なのです。遺伝子発現へのフィードバックを理解するためにも、システムレベルでの解析が必要です（第4章）。ゲノムは他の方法ではなく、その表現型を通じて読まれる必要があります。

コード化されたＤＮＡ配列によって蛋白質のアミノ酸配列を説明するという偉大な成功に、私たちは釘付けになってしまいました。これは、偉業です。20世紀の生物学のもっとも重要な成功のひとつです。しかし、遺伝学のもともとの疑問は、ある蛋白質を何がつくるのか、というのではなく、犬を犬としているものは何か、人を人としているものは何か、ということであったことを、私たちはときどき忘れてしまうようです。説明の必要のあること、それは表現型なのです。蛋白質の単なるスープではないのです。

二つの比喩の位置づけ

色彩豊かな比喩の楽しさのひとつは、多くが個々人の解釈に委ねられていることです。ここで与えられる解釈はただ一つのものでもなければ、絶対のものでもありません。比喩をつくりだすのは、芸術であって科学ではありません。どんな芸術もそうですが、芸術家は必ずしももっとも優れた解釈者というわけではありません。リチャード・ドーキンスのもともとの比喩についての私の解釈が彼のものと一致していると、そして、私が提案している別の比喩についての読者諸氏の解釈が私自身の解釈よりも優れてはいないと、保証するものではありません。このセクションの目的は、この本の主題の文脈におけるこれらの考えの強さと弱さを共にはっきりさせることです。また、私の比喩が修正しようとしているオリジナルの弱さについても、述べたいと思います。私の考えももちろんのこと、固有の弱さを持っています。

オリジナル　いま、彼らは非常に大きなコロニーの中で群れをなしている　この考えが強調することは、ハチやイナゴの大群のように、遺伝子群は巨大な集団を形成する膨大な数の遺伝子から構成されており、それぞれの遺伝子はそれ自身の利益と行動する自由を持っているということです。それぞれの遺伝子の行動の総合的結果として、その集団は行動します。遺伝子群はそれらの持つ生来の「利己的」行動のひとつとして、体の中に群れをなすことを「選択」しています。

私の比喩　いま、彼らは非常に大きなコロニーの中に囚われている　生物体の視点に立てば、遺伝子というのは囚われた存在です。遺伝子は、生物体から独立しては生存しえなくなっており、生存のチャンスを持つためには、多くの他の遺伝子と協力することを強制されています。メイナード・スミスとサトマーリ（Maynard Smith and Szabtgmáry, 1999: 17）が言うように、「協調的複製はある区画内での遺伝子間の競争を防ぎ、協力を強制する。遺伝子たちはみな同じ船に乗っている」のです。

両方の比喩ともに、同じ考えを共有しています。すなわち、生命の進化の初期には、核酸分子（おそらくはＲＮＡ）が化学物質のスープの中で個別に存在し、選択の対象が分子であったときがあったに違いない、というものです（Maynard Smith and Szabtgmáry, 1999）。遺伝子が生命体に「侵入」したと考えるか、あるいは生命体が遺伝子を「補足」したと考えるかは、主として見方の問題です。もっともありそうなのは、細胞と遺伝子は一緒に進化したということです。ちょうど、遺伝子と蛋白質がそうしなければならなかったように。どちらの場合も、片方だけではまったく意味をなしません。

オリジナル　巨大な騒々しく動くロボットの中で安全に　この色彩豊かな比喩は、多くのレベルで繰り返すことができます。しかし主な効果は、「騒々しく動く」生物体を、そのおそらくは賢い遺伝子に比較しておとしめる、ということです。「ロボット」ということばは非常に効果的です。ドーキンスもおそらく困惑しただろうと思いますが、この表現は、彼の本がまったくの遺伝子決定主義の視点から書かれている、と読者に思わせることになったことばのひとつです。いずれにしても、ロボットというのは、完全に何か、あるいは他の何ものかの制御下にあります。後の本で、ドーキンスは『利己的な遺伝子』における立場をずいぶんと修正しています。『拡張された表現型（*The extended phenotype*）』の中で、彼は次のように書いています。「多くの場合、生命に対する二つの見方は、本当に同等と言えるでしょう。」これは、彼が高次レベルの見方の妥当性を認めていることを意味しています。

私の比喩　高度な知的存在の中に閉じ込められ　この比喩が強調していることは、システムが持ついかなる知能も生物体レベルでの話であって、遺伝子のレベルではない、ということです。この修正を避ける唯一の方法は、意味ある「知能」がすでに遺伝子のプログラムの中にコードされている、と述べることでしょう。しかし私は第4章で、ゲノムはプログラムではなく、したがってこの「コード」された形の知能でさえ持つことはないと主張します。

オリジナル　外界から遮断され　これは現代生物学の、遺伝子のＣＧＡＴからなるコードは、生物体がその環境に適応しても変化することはない、というセントラル・ドグマのひとつに関係しています。この基準によれば、獲得された形質の遺伝（ラマルキズム）は不可能です。結構でしょう。この言明が、生物体はその遺伝子によってのみ規定されているということを示唆していること以外は。事実は、現実に働いている細胞の中で、遺伝子も非常に多様な方法によって規定されています。そして、これらの遺伝子発現のパターンは、ほぼ間違いなく、外界から影響を受けています。

私の比喩　外界によって型にはめられ　可能な遺伝子発現パターンの数は、事実上無制限です（第2章参照）。さらにはこれらのパターンは、環境との相互作用という文脈の中で、生物体の高次レベルにおいて決定されます。しかも、遺伝子の発現や抑制は先行する世代における経験によって影響を受けます。したがって、コードそのもの以外の遺伝子発現のすべての本質的な特性は、実際「外界によって型にはめられ」ているのです。これらの考え（オリジナルと私の比喩）のいずれを好むかは、遺伝子コードに焦点を当てているのか、それとも遺伝子発現にあてているのか、ということに依存しています。両方とも生物学的視点としての妥当性があります。遺伝子コードが有意に変化するには幾世代という長い時間がかかり、一方、遺伝子発現は数時間で変化することができます。

オリジナルの表現を好むのには、何らかの理由があるのかもしれません。ある個別の生物体の生存期間のあいだに、環境は遺伝子発現に影響しますが、起こった変化は原則的には遺伝することはありません。したがって、次の世代へ伝わるものは、「外の世界から遮断」されています。しかしながら、これは完全に確かというわけではありません。ＤＮＡコードに加えて、ある種の母親の効果は伝えられうるようなのです。これについては、第4章で議論しましょう。

オリジナル　入り組んだ間接的な道筋で外界と交信し　自身がコードしている蛋白質を介する以外、遺伝子は個体の環境と相互作用しません。したがって、蛋白質がすべての機能的な相互作用を担っています。

私の比喩　複雑な経路を使って外界と交信し　相互作用の道筋は複雑で間接的ですが、それでも、それぞれの遺伝子には個別的な道筋がありえます。それゆえ私は、問題は相互作用が間接的であることよりも、その複雑性にあることを強調したいと思います。それぞれの機能的相互作用に、多くの遺伝子の産物が協調的に関与しているという複雑性です。この場合の二つの考えのあいだの関係は、他のペアとは違っています。違いを強調し、より重要な側面と思うものを際だたせようとする試みの中にあって、これはそれほど対立的ではありません。

オリジナル　遠隔操作であやつりながら　この説明は遺伝子に操作装置の役目を与えて、「支配」する位置においています。したがって、それはまた遺伝子決定主義者の見方に貢献しています。

私の比喩　その経路を通して、わけがわからないままに、魔法によるかのごとく、機能があらわれる　この比喩は、むしろ遺伝子が高次レベル機能の出現に対しては盲目であることを強調して、遺伝子が操作装置であるという考えを修正しています。「魔法によるかのごとく」というフレーズは好みによります。私は、出現するものの美しさと複雑性への驚きの感覚に重点をおくために加えました（第3章のシリコン人間の話も参照）。

オリジナル　彼らはあなた方の中にも、私の中にもいる

私の比喩　彼らはあなた方の中にも、私の中にもいる　これは疑いようもなく実証的な唯一の考えであり、したがって変えずにおきました。

オリジナル　彼らは私たちを、体を、心を創った　この考えもやはり、遺伝子決定主義者の解釈に大きな貢献をしています。私は、これには二つの大きな問題があると思います。第一は、たとえ遺伝子が私たちを創るプログラムをコードしていると考えたとしても、遺伝子は決して単独でそうしているわけではありません。第二は、私はそのようなプログラムが存在するとは信じていません（第4章参照）。

私の比喩　私たちは彼らのコードが読まれることを可能とするシステムである　この比喩がまさしく、私がこの本で進める遺伝子決定主義とは違う視点の中心です。それを解釈するにはいくつかの方法があります。

第一の、そしてもっとも根本的なことは、遺伝子のＤＮＡコードは単なるＣＧＡＴという塩基配列にすぎず、それが機能的に解釈されるまでは、無意味だということです。機能的解釈は、最初転写と転写後修飾を開始し制御する細胞／蛋白質の機能によってなされ、そして次に高次機能を生み出すシステムレベルでの蛋白質同士の相互作用により行われます。遺伝子は、このシステムによる解釈がなければ、何をすることもできません。

遺伝子のＤＮＡコードの拡がりは、それ自体は、その言語の意味論的枠組みを欠いた単語のようなものです。システムが意味論的枠組みを与え、そしてその遺伝子に機能性と意味を与えるのです。同様に、システムは遺伝子なしには存在できません。しかし、それにもかかわらず不均衡があります。生存競争に勝ち残る成功するシステムの論理はシステムにあり、遺伝子にあるわけではありません。生きるのも、死ぬのも、それはシステム（生物体）であり、遺伝子ではないのです。遺伝子が行うことは、システムを再構築することができるデータベースを収容していることです。遺伝子は「永遠の」複製機なのです。彼らは死にませんが、生物体の外では生きていけません。

この比喩を解釈する第二の方法は、システムによるゲノムの解釈の中には、多くの代償機構が存在し、種々の遺伝子欠損やその他の形の機能不全、たとえばいろいろな悪い変異などを無効にできるというものです（第8章参照）。

この比喩を解釈する第三の方法は、システムが単に体自身だけでなく、環境も含んでいるということをみとめるということです。高地、極端な寒冷、あるいは飢餓などへの適応のように、環境に対して生物体はさまざまに適応します。これらの適応の多くには、遺伝子発現のプロファイルの変化が関与しています。

オリジナル　そして、彼らの保存こそが、私たちの存在の究極の理由なのである　これが、他のさまざまな考えにつながってゆく、オリジナルの比喩で焦点となる主張です。それは、全面的に遺伝子中心の視点を採用しています。私たちが、遺伝子たちを決定論的プログラムとしてではなく、成功した進化実験を再現するためのデータベースであると見なせば、この比喩の持つ力は完全に失われてしまいます。

私の比喩　彼らの保存は、私たちが自己再生産するときに経験する喜びに完全に依存している。私たちが、彼らの存在の究極の理由なのである　オリジナルの表現のこの逆転は、いかに容易に、まったく違う見解を持つことができるか、ということを示しています。どちらが正しいかを皆さんに言うのは、生物科学ではありません。しかしながら、皆さんの選択の社会学的・倫理的意味が重大なのです。

もちろん、自然はこのような疑問に対して答えが出るように配慮してくれてはいません。この疑問は、古い「にわとりと卵、どちらが先か？」という難問のようなものです。共に進化したというのが正解でしょう。

しかしながら、私にとってもっと自然で、確かにもっと意味があるのは、生存の原理は、選択が起こるレベルにあるということです。それは、ある生物体がなぜ生き残ったのか、あるいは生き残らなかったのかを述べることができるレベルです。

第２章　３万のパイプを持つオルガン

すべての可能な相互作用を自然が試すには全宇宙にも充分な量の材料がないでしょう。進化の過程という何千億年という長い時間をかけたにしてもです。

（本章）

中国の皇帝と貧しい農夫

２０００年以上も前の話です。ある中国の皇帝が合戦において、ある貧しい農夫の働きによって救われました。おそらく、それは皇帝チン・シー・ホワン、「始皇帝」とも呼ばれる人物です。彼が中国を初めて統一し、私たちが今日知っている巨大な国に近いものを創りました。そのために、彼は多くの血みどろの戦いをしなければなりませんでした。

いずれにしても、話は続きます。合戦が終わり、皇帝が宮殿に戻ったとき、その農夫を彼のもとへ呼び出し、恩賞を与えることにしました。「お前は、朕の命を助けた。朕はお前に深く恩義を受けている。したがって、朕はお前の持つどんな望みでもかなえてやろうと思う。世界中でお前が欲する何ものでも与えよう。」その農夫は豪華な宮殿を見回し、答えました。「陛下、陛下のチェス盤をお持ちいただけましょうか？」もちろん、皇帝は数多くのチェス盤を持っています。彼は廷臣に宮殿の中でもっとも高価なチェス盤を探すように命じました。

彼らが戻ってきたとき、農夫は皇帝が期待したように、非常に高価なチェス盤を報償として抱きかかえるのではなく、それを宮廷の床にしっかりと置き、そしてズボンのポケットの中をまさぐって、ポケットの泥と混ざった15粒の古米を取り出しました。農夫は手に米粒を持って、チェス盤の上に振りかけます。皇帝はあっけにとられて彼を見ています。「朕はお前に宮殿中でもっとも豪華に宝石をちりばめた、もっとも高価なチェス盤を与えようというのに、お前はポケットの中のゴミを振りかけようとしている！」

「いいえ違います。陛下。わたくしは米粒を盤に振りかけようとしているのではございません。わたくしは、この陛下の盤の上に、米粒を特殊な順に並べようとしております。どうぞ、ご覧ください。」

皇帝と廷臣たちはさらに困惑したように見えました。農夫が小さなかたまりの中から一粒の米を選んで、そのチェス盤の最初のマス目の真ん中に置いたのです。その盤はとても大きく美しいので、その小さな米粒を見、埋め込まれた象牙の文様と区別するには、誰もがとても近づかないとなりませんでした。農夫はそれからさらに2粒の米粒をとり、2番目のマス目に置き……

皇帝は、その農夫が米粒をチェスの駒として使おうとしているに違いないと思いました。「この男はばかだ」と皇帝は考え、廷臣たちに宮殿でもっともよいチェス駒を持ってくるように命じました。

廷臣たちは急いで駒を持ってきました。駒は、チェス盤よりもっと贅沢に宝石が埋め込まれていました。どの駒もすばらしい芸術作品でした。その間にも、その農夫は3番目のマス目に4つの米粒を置いていました。彼は手許に残った米粒を確認しました。8粒ありました。廷臣たちが光り輝くチェスの駒の列を彼の前に置いたとき、彼はまさにそれらをポケットから出てきたゴミと一緒に第4のマス目に置こうとしていました。

「これらもお前のものだ」と皇帝は言いました。「これは朕の命を救ってくれた、せめてものお礼だ。」

農夫は皇帝とその光り輝く駒を無視しました。彼は、盤の上に最後の米粒を軽快に置いて、両手をこすり合わせました。皇帝の目を見て、農夫はお辞儀をし、そして言いました。「陛下。わたくしにはこの美しいチェス盤や光り輝くチェス駒は必要ございません。貧しい小百姓には無用のものでございます。わたくしが望むことは、陛下にわたくしが始めましたこの作業を最後まで終わらせていただくことでございます。最初のマス目に1粒、2番目に2粒、3番目に4粒、4番目に8粒。盤の64番目のマス目に到達するまで、ただこのように続けていただきたいのでございます。そして、わたくしはただ、米だけをいただきとうございます。チェス盤と宝石をちりばめた駒はそのままにしとうございます。」

このときには、皇帝はとても軽蔑的な態度になっていました。その農夫は皇帝の命を守ったように、とても敏捷で、身体能力に優れていましたが、単純な田舎もので、彼がいま却下したものの莫大な価値を実感できないようでした。彼が心配しているのは、家族のための次の一杯の米なのです。
それで、皇帝はどれくらい必要かをすばやく考え、廷臣たちに貯蔵庫から一番大きな米袋を持ってくるように命じました。数人がかりで１００キログラムの米袋を持ってきて、チェス盤の近くの床に大きな音とともに落としました。「それを続けよ」と皇帝は命じました。「農夫が始めたように。それほど正確に数える必要はない。なぜなら、いずれにしても最後にその米袋を全部農夫に与えるから。」農夫は微笑み、そしてお辞儀をしました。

　廷臣たちは、皇帝が命じた通りに、しかし慎重に正確に数えながら、行いました。彼らは、無能な廷臣ではなく、第一の仕事は宮殿の倉を管理することでした。彼らは、このきたならしい無知な農夫が家族を一年間食べさせるに充分な米を持って立ち去るのをこころよく思ってはいませんでした。農夫と皇帝は座って、廷臣たちが苦労して数えるのを見ていました。5番目のマス目には16粒、6番目には32粒、7番目には64粒……最初は、廷臣たちはきわめてすばやく進んでいました。そして、まだその時点では、その巨大な米袋は一杯にあふれたままでした。

　しかし、10番目のマス目を越えたあとから、廷臣たちは、何千という米粒を数えないといけなくなっていることに気づきました。彼らのひとりが皇帝の命令の二番目の部分の知恵に気づきました。彼は大声で言いました。「だいたい１０００粒になる量りを使おう。」それで、次の10マスのあいだは、彼らはその量りを使っておおよその数をかぞえました。

　16番目のマス目までに、彼らはこの量りを30回以上も使わないといけないことに気づきました。事実、チェス盤の上のマス目には彼らが量っているものを置く余地がもうありませんでした。それで、彼らは宮殿の床に米を山にして数えだしました。どの山が盤のどのマス目にあたるのかを慎重に注意しながら。21番目のマス目で、彼らは量りで１０００回数えました。さらに悪いことには、22番目のマス目で、米がなくなってしまいました。１００キログラムの袋全部が、突如なくなってしまったのです。次のマス目には３００万粒以上が必要になっていました。米の山がチェス盤よりはるかに大きくなっていました。廷臣たちは訴えるように、皇帝を見上げました。「陛下、私どもはどうすればよろしいでしょうか。もっと袋を持ってまいりましょうか？」

皇帝は少し混乱しているようでした。彼はまだ線形の思考をしていました。もう数袋が必要なだけだ、と彼は自身につぶやきました。「よかろう。倉からさらに10袋持ってまいれ。」どちらにしても、皇帝はすでに興味を失いつつありました。彼のもっとも美しい愛妾のひとりが、見物にあらわれたのでした。

しかし、廷臣のひとりが、とうとうその重大性に気づきました。彼は仲間にささやきました。「そんなのでは終わらない。ちょっと考えてみろ。最初の22のマス目に置いた米を足してごらん、それはすでにひと袋よりも多い。その量を23番目のマス目にまた置かないといけないんだ[1]。そう、それはたった一つのマス目に一袋以上ということだ！ そして、その次のマス目には二袋以上が必要になる。これを終えるには何百という袋が必要になる！」

1 倍加してゆく結果が、それまでのすべてのマス目に置かれたものを足し合わせた上に、一粒の米を足すことであるということを、彼は理解しました。

皇帝はこれを耳にしました。誘うように愛妾がいるにもかかわらず、彼も心配になってきました。しかし、その廷臣が何百もの袋といったことで、安心してしまいました。「問題ない」と皇帝は言いました。「豊作の収穫がある。最近の収穫のとき、何千という袋を宮殿の貯蔵庫に収納した。やれ！必要なだけの袋を持ってまいれ。」

彼らは32番目のマス目に来ました。チェス盤のちょうど真ん中です。３００以上の宮殿の貯蔵庫の米袋が使われてしまいました。次のマス目に行くのに、さらに３００袋必要です。そのあとのマス目のためには６００以上の袋が。廷臣たちはもはや宮殿の床に袋を積み上げることはしないで、貯蔵室へおりていって米袋にチェス盤の番号をラベルしています。

数学にあかるい廷臣がすばやく計算しました。彼は一片の紙の上に示しました。36マス目までに、宮殿のすべての米が完全になくなってしまう。50マス目までに中国全土の米のすべてでも充分ではない。64マス目までには、世界中のすべての地表を膝の高さまで米を積み上げることになる。

彼は、宮殿の部屋に戻り、皇帝に彼の計算を耳打ちしました。その作業を完了するためには、帝国の財産の何千億倍もの富が必要でしょうと。皇帝は衝撃で蒼白になりました。彼は愛妾を下がらせ、世界が突然終末になったかのごとくの様子でした。その農夫の素朴な願いをかなえるためには、彼は破滅するのです。

農夫は、皇帝がようやくわかったことを理解しました。

「陛下」と彼は言いました。「陛下は偉大で力をお持ちです。陛下は世界中の何ものでも私にくださると誇らしげにお約束なさいました。しかし、チェス盤と15の米粒で、陛下に教訓をお示しすることができたと思います。陛下でも、世界の広さをご理解されておられません。お持ちでないものを与えると約束はできません。しかし、ご心配なく。わたくしは、陛下の貯蔵庫のすべてを持って行くのではなく、一袋の米をお残しします。陛下は最後の一袋をお持ちください。それで、ご家族は一年食べることができます！　それ以外は必要とはされないと存じます。」

皇帝はこの教訓を決して忘れませんでした。彼の激怒で、70万の囚人が次の38年のあいだ働き、彼の墓を守る素焼きの兵士を造らされました。30年におよぶ発掘がなされましたが、現代中国の考古学者はその墓への通路のごく一部のみを調査したにすぎません。墓そのものは未だに開かれていません。しかし、すでに彼らは、西安、皇帝の古代中国の首都長安の現代名ですが、その近くにある壮大な展示場に、７０００体以上の兵士を設置しています。

ゲノムと組み合わせ爆発

読者がこの寓話に、皇帝が受けたような衝撃を受けなかったことを望みます。なぜなら、これからもっともっとすごい驚きが待ちかまえているからです。

１つから始め、2倍にし、そしてその結果を2倍にし、それを64回繰り返すと、最後は本当にすごく大きな数になります（１０００億×１兆）。しかし、チェス盤のサイズをさらに大きくしたとしましょう。たとえば3万マスです。それは、現在の推定によるヒトゲノムの遺伝子の数です。それから、次の数を増すための計算方法を変えることにしましょう。先の寓話では、あるマス目の米粒を数えて、それを2倍にして次のマス目の数としました。今回の場合、あるセットの各要素のあいだで可能な相互作用の数を計算し、その数を次のセットの大きさとすることにしましょう。

他の言い方をすれば、数学的級数もいろいろと違う非線形性を示すということです。あるものはある特定の数字に収束し、あるものはとてもゆっくりと発散し、そして他のものはある種の数学的爆発となります。私たちがここで扱っているのは、最後のタイプのものです。数学の関数の中で、もっとも非線形性の強いものです。要素の組み合わせの数は、要素の数が増えるとともに、とても急速に増えてゆきます。これは「組み合わせ爆発」と呼ばれます。

第1章において、私たちは、遺伝子、あるいはその産物である蛋白質が大きなグループの中で相互作用することにより、生物機能が形成されるということを学びました。一つの遺伝子のコードのみによっている生物機能はありません。それでは、いくつが必要なのでしょうか？　私たちはこの質問の答えをまったく知りません。しかし、私たちは、自然がある単位に分かれている（モジュール化されている）ことを知っています。したがって、ある特定のグループの遺伝子群や蛋白質群が他とはある程度独立した形で働いて、ある機能を形成するということは妥当性があります。あとの章で、この特徴について議論することにします。これらの機能的モジュールはどのくらいの大きさなのでしょう？　単純化したレベルでの推定をすることができます。

まず始めに、次のいささかばかばかしい設問を考えてみましょう。もし、二つの遺伝子だけがある生物機能を形成するために必要だとしたら、3万からなるゲノムでいくつの可能な機能があるでしょうか？　答えは、（３００００×２９９９９）／2ですから、４４９、９８５、０００です[2]。したがって、一つの機能あたりもっとも少ない数の遺伝子で考えても、5億種類近くの違った生物機能があることになります。

さて、もう少し現実的になりましょう。第5章で述べますが、自然のもっとも重要な発振器、心臓のペースメーカーを１００より少ない生物学的要素、すなわち機能蛋白質によってモデル化することができます。バクテリアで見いだされているような生化学的な代謝ネットワークも、だいたい同じくらいの数の要素でうまくシミュレーションすることができます。

そこで、それぞれの生物機能に１００個の遺伝子が必要であると仮定しましょう。3万遺伝子のゲノムで、可能な機能の数はいくつになるでしょう？ 答えは実に巨大です。約10^{289}です！ 比較してみると、寓話のチェス盤を使ったゲームでは、「たった」10^{19}にしかなりません。

そして、遺伝子１００個という制限をなくして、ある機能を形成するのにどのような組み合わせの相互作用も許可したとしたらどうなるでしょうか？ そうすると、2×10^{72403}となります（Feytmans et al., 2005）。それは、7万を超える数字列です。その数字をただ書くだけで、この本の30ページくらいが必要です。

2　私たちが調べているこの級数の要素は、実に簡単に理解することができます。このシナリオでは3万種類の遺伝子のそれぞれが残りの遺伝子、つまり２９９９９種類の遺伝子のそれぞれと相互作用することができます。遺伝子xが遺伝子yと相互作用することと、遺伝子yが遺伝子xと相互作用することとは同じと見なせるので、このようにして計算した数（３００００×２９９９９）の半分は重複しています。したがって、n（n−1）/2という計算から、起こりうる相互作用の数を計算できます。

これらの数はとても大きいので、すべての可能な相互作用を自然が試すには全宇宙にも充分な量の材料がないでしょう。進化の過程という何千億年という長い時間をかけたにしてもです。その極端な大きさと物理的不可能性を考えると、これは現実的な意味を持ちません。これは単なる上限というのではなく、どのような可能な上限をもはるかに超えているのです。このような仮説の検証は、絶対に実行不可能です。

そして、ここに困難があります。遺伝学の現在の一般的な書き方では、ＤＮＡコードだけから始めて、ボトムアップ的に生体システムを再構築することが可能なはずだと仮定しています。そして、それはまさにいま見たように、まったく実行不可能な種類の手順なのです。明らかに、私たちは最初に可能性をせばめておくことが必要です。それにはただ一つのやり方しかありません。まず、自然がどのようにして可能性を絞ったのかを観察しなければなりません。

現実に存在している種よりもはるかに多くの理論的可能性が、自然界にあることは明らかです。結局、それは私たちが薄々感じていることです。ある蛋白質が他のすべての蛋白質（そして、細胞内のすべての代謝産物やシグナル伝達物質）と相互作用すると仮定することは、ほとんど妥当性がありません。蛋白質−蛋白質相互作用の化学はここに制限をもうけます。異なる蛋白質は、異なるタイプの役割を果たします。いくつかのものはハブとなり、ネットワークの中心に位置します。他の多くは、比較的反応性が悪く、ネットワークの末梢に位置しています。

形態上の位置も、また主要な制限因子です。細胞や器官の中には、多くの区画があります。一つひとつは他のものから比較的独立しています。したがって、私たちはどのような蛋白質がどの区画に存在しているのか、ということを考慮しないとなりません。そして、それぞれの蛋白質がその区画の中のどこに存在するのか、ということも重要です。あるものは膜やオルガネラ（細胞小器官）の中に存在し、それらのまわりの空間にアクセスすることができる分子と反応することだけができます。

この基本に立って、はるかに明確な構図を得ることができます。いくつかの研究がすでになされています。ある研究は、バクテリアである大腸菌に着目しています。この生物体の代謝において可能なネットワークの総数は、約４・４×10^{21}です。現実に使われている代謝経路の数は、比較するとずっと少ないことがわかっています。約50万ほどです。この場合、現実に使われている代謝経路に比べて10^{16}倍もの多くの可能な経路があるということになります（Stelling et al., 2002）。

したがって、遺伝子が理論的に「発現」できる方法のうち、ほんの少しの割合が現実には起こっています。実際には、私たちがこれまで見てきたよりもさらに少ない割合でしょう。というのも、可能な数はずっと多いのです。

私たちのこれまでの計算は、それぞれの遺伝子が一種類の決まったものであるということを前提に行ってきました。現実には、それぞれの遺伝子には、アイソフォームと呼ばれる多くの相同形があります。このことは、可能な組み合わせをさらに増やします。それから、スプライス変異体があります。ほとんどの遺伝子は一つ以上のエクソンからできているので、少なくとも三種類のスプライス変異体が可能です。そして、ＤＮＡから情報が読み出されてから起こるプロセスがあります。それは、専門用語では転写後制御と呼ばれます。

すでにショウジョウバエの *Dscam* について述べました。この遺伝子は１１５ものエクソンからできており、３万８０００もの蛋白質産物を産生する可能性があります。そのうちのいくつかは生まれたときと成長後では発現レベルが変化します（Celotto and Graveley, 2001）。それは、昆虫の広範囲の免疫システムも担っているようです（Watson et al., 2005）。

もう一つの重要な結論は、遺伝子の総数の増加より、可能な機能の数ははるかに急速に増えていくということです。たとえば、５００の遺伝子の場合と５０００の場合とを比較してみてください。一つの機能に１００の遺伝子が必要として、５００の遺伝子があれば、１×10^{100}の、５０００の遺伝子があれば、１×10^{200}を超える可能な機能があります。したがって、遺伝子の数が1桁増えると、可能な組み合わせは10^{100}倍に増える結果となります。ですから、遺伝子の数が1桁増えると、可能な機能は１００乗のオーダーで増えることになります。結果、可能な機能の遺伝子数への依存は非常に非線形であるということになります。

この結果の意義は、同じくらいの大きさ、あるいは非常に配列の相同性の高いゲノムを比較してみるとより明確になります。たとえば、３万の遺伝子からなるゲノムに遺伝子を一つ追加する効果を考えてみましょう。あらたに可能となる機能の数は、約10^{287}です。逆に、もしある機能がもう一つだけ遺伝子を必要とする場合には、あらたに可能となる組み合わせの数は約10^{292}となります（Feytmans et al., 2005）。これらの数は、想像をはるかに絶する巨大さなので、非常に相同性の高いゲノムを比較するときによく問われる疑問を逆にすることができます。普通、「このほんの少しの違いが、どのようにしてこれらの種の機能的違いのすべてを、あるいはその増大した複雑性をコードすることができるのでしょうか？」と問いますが、むしろ、「これらのとても莫大な可能性の違いを、自然はどのくらい現実に使っているのでしょうか？　そしてそれらはどのようにして選ばれたのでしょうか？」と問うべきなのです。

3万のパイプを持つオルガン

第1章で、私は、ゲノムは生命を決定しているプログラムのようなものではまったくない、と言いました。それはむしろ、CDのようなものです。すなわち、何かを再生産することを可能にする情報を貯蔵しているデジタルデータベースです。

本章では、ヒトのゲノムが約3万の遺伝子を持っているという事実が何を意味するのか、ということについて考えてみました。こんなに数が少ないのか、と驚くべきなのでしょうか？　このようなゲノムが支持することができる機能の膨大な可能性に、むしろびっくりするべきではないでしょうか？

ここで、音楽へのアナロジーが助けとなるかもしれません。ゲノムは3万ものパイプを持った巨大なオルガンのようなものです。パイプオルガンは、オルガン独特のとても印象的な音楽を演奏することができるように発達してきました。オルガンが大きくなればなるほど、パイプの数は多くなり、そして、ピッチ、音調、そして、それが生み出すことができる他の音楽的効果の幅がぐっと広くなります。その奏でる音楽は、オルガンの統合された活動です。それは、単なる音符の並びではありません。しかし、音楽自身はオルガンがつくりだすものではありません。オルガンは、たとえばバッハのフーガを書くプログラムではありません。バッハが書いたのです。そして、オルガンの演奏には、優れたオルガン奏者が必要です。

幸運な一致ですが、3万というのは、世界で最大のオルガンのパイプの数とだいたい同じです[3]。ほとんどの大聖堂で見られるような、それよりもっと小さなオルガンでさえ、膨大な幅の音楽を奏でることができます。3万のパイプの一つひとつが、生命のすべての音楽を奏でることに確かに役立っているのです。

一つのオルガンとある音楽があったときに、誰が演奏家で、誰が作曲家でしょう？ そして誰が指揮者でしょう？

これらが次からの各章で扱う疑問です。

---

3 記録はアメリカの二つのオルガンに分け持たれています。フィラデルフィアにあるロード・アンド・テイラー百貨店のワナメーカー・オルガンは、28482のパイプと396のレジスタを持っています。このオルガンはワナメーカー・オルガンショップによって1914年から1917年にかけて制作されました。アトランティックシティのコンベンションホール・オルガンは33114のパイプと337のレジスタを持っています。それらは、遺伝子の数の見積もりに想定されている±10パーセントの誤差を考えれば、共にヒューマンゲノムと同じくらいのサイズだと言えます。英国におけるもっとも大きなパイプオルガンはロイヤル・アルバート・ホールのそれで、9999のパイプを持っています。シドニー・オペラハウスのパイプオルガンのパイプの数も同程度です。パリのノートルダム大聖堂のパイプオルガンは、約8000のパイプを持っています。

第**3**章　楽譜――それは書かれているか

私はとても強く信じています。根本的なユニット、抽出する正しいレベルは細胞であって、ゲノムではないことを。

シドニー・ブレンナー、コロンビア大学での講演、２００３年

ゲノムは「生命の本」か

私たちはこれまで、ヒトゲノムが情報の膨大なデータベースであることを見てきました。30億の塩基対で、２万～３万の遺伝子を構成しています。これらのそれぞれがある特異的な蛋白質、あるいは一群の蛋白質のアミノ酸配列をコードするために使用されています。全蛋白質の完全な配列と構造は、プロテオームと言われることもあります。それでは、ゲノムの中の情報は、プロテオームをつくりだすためにどのように使われるのでしょう？　これはきわめて挑戦的な質問です。

第一に、すべての遺伝子が同定される必要があります。少なくとも、ＤＮＡコードのどの部分が遺

伝子となっているのかを同定するという点においては、かなり解明されています。しかし、それはまだ私たちがそれぞれの遺伝子が何をしているのか、その機能性が何なのかを知っているという意味ではありません。

第二に、遺伝子よりもずっと多くの蛋白質があることが、いまでは知られています。それでは、どの蛋白質が何時つくられるのかを、何が決めているのでしょうか？　明らかに、ある種のフィードバック制御が関与しているでしょう。しかしながら、どのような種類のフィードバックなのでしょうか？　遺伝子とその環境のあいだには、複雑な相互作用があります。環境には、細胞環境と、そして生物体が存在しているもっと広い環境の両方があります。生物体は環境と相互作用し、それも遺伝子発現に影響します。明らかに、遺伝子が生物体とその機能に「命令」しているという単純な見方は、ただ愚かなだけです。これは、私たちがここで直面している真の挑戦、すなわち、どの蛋白質がどの程度産生（発現）されるのかを決定する制御プロセスを理解することを避けているのです。

そして、**第三に**、アミノ酸配列は明らかになりつつありますが、私たちが知りたいことすべてを教えてはくれません。私たちは、ある蛋白質についてそのアミノ酸という点では多く知ることができますが、それがどのような三次元構造をとるのか、そしてそれがどのような化学的機能を果たすのかを知るために、なお苦闘しているのです。

最初は、ヒトゲノムの研究者たちは実際私たちが見いだしたよりもっと多い遺伝子があるだろうと考えていました。初期の推定は15万のオーダーでした。一方、いま私たちは2万５０００から3万のあいだの数であると見ています。この発見は、難しい課題を付け加えました。それぞれの遺伝子が多くの異なった生物機能に広く共通して関与していないといけない、ということを意味するからです。実際、そのような多機能性という性質はおそらく一般的なことであると思われます。

これらは手に負えない挑戦ですが、さらに、次の段階の複雑性を考えれば、それはとるにたらないものです。困難は、蛋白質のあいだの相互作用を理解する段階です。何万もの蛋白質が、どのように相互作用するのでしょうか？　そして、どのようにして、蛋白質は細胞から器官、そしてさらに大きな生物システムまで、生物体のすべてのレベルで起こっていること（「機能性」）を生成するのでしょうか、あるいは少なくとも、それに貢献しているのでしょうか？　これは、生理学的機能の定量的解析の仕事です。この全体を、いまではフィジオームと呼ぶようになりつつあります。

明らかに、ゲノムの中の情報から生きているシステムまでを構築し、保持すること、これは非常に複雑なことです。それを明らかにしていくには、多くの段階があるでしょう。新しい分野であるバイオインフォマティクスと共に生理学的システムの数学的モデル化が、ますます重要な役割を果たすことになるでしょう。これについては、あとの章で述べることにしましょう。

システムズバイオロジーの視点からは、ゲノムは、生理学的機能へ「翻訳」されることにより「解読」されるまでは、「生命の本」として理解可能ではありません。私の主張は、この機能性は遺伝子のレベルにあるのではない、ということです。そのようなことはありえません。なぜなら、厳密に言えば、遺伝子は自身がしていることに「盲目」だからです。蛋白質と細胞、組織、そして器官といった高次構造も実際そうであるように。

これらのことに、ここで私はさらに二つの重要なポイントを追加したいと思います。蛋白質は生物システムの中で、機能を決定する唯一種類の分子ではありません。機能は、また水、脂質、その他多くの遺伝子によってコードされていない分子にも依存しています。

さらには、遺伝子産物、すなわち蛋白質が行っていることの多くは、遺伝子からの指令に依存しているのではありません。それは、まだあまりよく理解されていない自己集合（セルフ・アセンブリ）する複雑なシステムの化学によっています。遺伝子は、コンピュータの各部分を特定していますが、それらがどのように組み合わされるかは特定していないようです。各部分は、化学的に自然なルールに従ってこれを行っているだけです。将来のコンピュータ、特に分子コンピュータと呼ばれるものは、この方法を使ってつくられるようになると予想している人たちもいます。

したがって、もしゲノムが「生命の本」であるなら、それはたくさんの欠落のある本であり、その欠落を自然は当然のこととしているのです。なぜなら、このような自然現象をコードしなければならない理由はないからです。水や細胞膜を構成する脂質の特性のための遺伝子などはありません。さらに悪いことには、あとの章で見るように、相互作用を特異的にコードする遺伝子などはありません。これらの「失われた情報」のすべては、遺伝子が働く環境の特性の中では、必然のことなのです。たとえば水ですが、これは驚くべき物質で、多くの非凡で複雑な振る舞いをします。生きている生物体が発達・機能する方法は、このカギとなる分子によって条件づけられ、そのすべての特徴を反映しています。

同じことが脂質についても言えます。これは細胞世界の油で、水には溶けません。その一つのタイプであるリン脂質は植物や動物の膜の主要な成分です。どのようにして生物体が成長するのですか、と問われれば、答えのひとつは、脂質がそのように振る舞うから、というものです。

さらには、この環境がどの遺伝子がどれだけ発現するかを決定しています。情報の流れは、遺伝子から機能への単純な一方向ではありません。二方向の相互作用があるのです。

フランスのビストロのオムレツ

かつてパリの郊外に、家族でやっている小さなビストロがありました。そこのオムレツが非常にふんわりとして、香ばしく、おいしいというので、とても評判になりました。ある評論家グループが、フランス料理大全を書いていました。彼らは、この有名なオムレツのレシピを入れることが不可欠だと思いました。

その家族の母親は親切に引き受けました。彼女は、材料と、オムレツをつくるときの材料を混ぜる順番と方法の詳細なレシピを、彼らに渡しました。一つだけ、思わぬ障害がありました。パリのシェフたちがそれを試したとき、違うものができたのです。とてもおいしいオムレツでしたが、彼らのオムレツには、その小さな家族のビストロのオムレツのふんわりとした感触がまったくなかったのです。不満に思い、彼らはいろいろと試しました。レシピをさまざまに解釈しました。彼らは、いろいろなオムレツ用のフライパンも試しました。結局、彼らは何か秘密のやり方があるに違いないと結論しました。その母親は、手の内を全部は明かしていないのだと。

それで彼らは、打ち揃ってそのビストロへ出かけました。そこで、その母親が亡くなったことを知りました。彼女の娘が、いまではオムレツを料理していました。

しかしながら、彼女のオムレツは母親のものとまさしく同じように良いのです。そこで、彼らは彼女に母親のレシピを見せて、これで正しいかどうか尋ねました。彼女は慎重にそれを読みました。この通りです。と彼女は言いました。それはとても正確で、材料のミリグラムにいたるまで合っています。これは、まさしく彼女自身が行っていることそのものです。「何も欠けていることはありませんか？」と彼らは問いました。「もちろん、ありません」と彼女は答えました。「母は、すべてを書き出しています。」事実、彼女のために母親はまったく同じように書いていました。彼女は彼らが従おうと試みている同じレシピに、まったく正確に従っていました。

シェフたちは当然、娘にオムレツをつくっているあいだ、見ていてよいかと尋ねました。もちろん、と彼女は言いました。隠すことは何もありません。そこで、彼らは注意深く観察し、書かれたレシピと彼女がすることのわずかな違いも見落とさないようにしました。そして、彼らは見たことにとても驚きました。準備する一番初めに、彼女は白身と黄身を分けました。彼女は黄身に調味料を入れ、かき混ぜた白身を、最後に、料理開始の直前に、流しこみました。

シェフたちは彼女を非難しました。彼女と母親は、不正確な情報しか提供していなかった、と彼らは言いました。このような重大なことをレシピに書き忘れるなど、ありえるでしょうか？ 娘は傷つけられ、彼らの「愚かさ」と「傲慢さ」を非難しました。憤慨して、彼女はその偉い人たちを見渡し、純真に問いかけました。「この他の方法で、誰がオムレツをつくるっていうんですか？」

同様に、自然は蛋白質にとって化学的に当然のことをコードしてはいません。そうする必要がないのです。そして、この情報は少なくともゲノムと同程度に、「生命の本」であると言ってもよいでしょう。さらには、ゲノムの配列解析に比べたら、こちらのストーリーを解読するのは、はるかに困難でしょう。

それで、簡単に言えば、私の見方は、ゲノムは、生命のゲームのキープレーヤーである蛋白質をつくるための退屈な機械コードのようなものである、というものです。

それ（ゲノム）は、次のような重要な点において不完全です。すなわち、種々の蛋白質が体の細胞の中でどのように化学的に振る舞うのか、蛋白質がどのように折り畳まれ、集まり、相互作用するのかなどの情報を提供しません。それはまた、機能性についての情報も完全に欠如しています。それは、ある遺伝子が1つ、2つ、3つ、1ダース、あるいは百の機能で働いているのかどうかさえ、示すことはありません。そして最後に、それは、時間と、それから母なる自然が「どのようにしてオムレツをつくるか」を知っているという能力に依存しているのです。

言語のあいまいさ

私の批判に対する「生命の本」という見方の防御のひとつは、本はすべてある程度そのようなものだ、ということです。すべての言語は暗黙の知識に基づいて機能しているのであって、言語はそれをすべて書き出す必要はないのです。もちろん、その通りです。この点を理解するひとつの方法は、言語ごとに何を当然のこととしているかは違っている、ということに注目することです。

たとえば、いくつかの言語は普段は複数形を使いません。たとえば、中国語、日本語、韓国語、ポリネシアの言語、マオリ語などですが、このような言語を使う人たちは私たちと同様に複数の概念を持っていますし、言われているのが一つ以上のことであるかどうかを理解しています。

とてもよく似た言語であってさえ、単に使われている文化的文脈のために、違う機能を持つ単語の例は非常に多くあります。

フランスの婦人をフランス語で“séduisante”と呼ぶことは、婦人をほめることになりますが、イギリスの婦人を“seductive”と言えば、非常に危険です。しかし、“séduisante”を「美しい」とか「魅力的」と訳すことで文化の違いを避けようとすると、フランス語がまさに意図している性的興奮を排除してしまうことになります。それはまた、この二つの言語における“sex”ということばの文化的意味が何かを問いかけることにもなります。

もし、このような違いが二つのヨーロッパの言語でさえこれほど大きいのであれば、はるかに離れた二つの言語のあいだでは、誤解を生む巨大な割れ目となりえます。１９００年前後にヨーロッパを訪問した初期の日本人は、人びとが公の挨拶の形式としてお互いにキスをしているのを見てとても驚き、彼らが見たことを記述するために、人びとがお互いを「なめる」、あるいは「接吻する」と書かねばなりませんでした[1]。

そうです。このような種類の「暗黙」の知識は、すべての言語の還元不能の特徴です。言語はその文化の創造物であるので、文化に関して中立である言語などというものはありえません。しかし、言語とその文化との関係は、ゲノムと自然との関係のようなものではありません。その違いを理解するひとつの方法は、言語が**何をしようとしているのか**、ということを問うことです。

言語は、世界をあるがままに（あるいは、話す人たちが見たことを）叙述することを目指しています。どの言語にとっても目的のひとつは、あいまいさを避けようとすることです。哲学と呼ばれる学問分野さえあります。特定の言語の束縛の中で作業せざるを得なくとも、それは、感覚の境界（カントの言うところの）と意味の境界という限界について問うことによって、一歩退いて、文化の限界を超えて理解しようと試みます。

対照的に、遺伝学上の言語にはこのような目的はまったくありません。もちろん、厳密に言えば、その言語は目的と言えるものをまったく持っていません。遺伝子、そして進化の過程は盲目的です（細胞も、諸器官もそうですが、このことについては、あとの章で扱うことにしましょう）。この線に沿って考えるならば、より確信を持って、ゲノムは本ではないと言えます。本という比喩を追求するならば、少なくとも何についての本であるのか、ということを問わなければなりません。それは「生命」についてのものでしょうか？

そうではない、全然そうではないと私は言いましょう。それはまったくもって、機能性について記

1　現代の日本人は「キスする」という動詞を持っています。これは英語の“kiss”から借りたものです。誤解は双方向に起こります。ある西洋人は日本人は決してお互いにキスをかわすことはない、と考えさえします。これら二つの言語における「愛」と「性」ということばの概念的な枠組みを説明するのにも、同様の問題があります。20世紀の文化的世界化の以前には、東アジア人のひとりとして、“I love you”などというフレーズを使うなどとは夢にも思わなかったでしょう（Downer, 2003）。

述していません。遺伝子ＸＹＺのコードはＸＹＺが脳の中でシナプスが機能できるようにする、精巣で精子を産生できるようにする、膵臓の細胞がインスリンを分泌できるようにする、などの蛋白質の配列であるということを、書き記しているわけではありません。これは、Ｘが王様で、Ｙが大司教で、Ｚが悪党である、などと書いてない本を想像するのとちょっと似ています。しかし、状況はもっと悪く、その「本」を読んでも、王様と大司教のあいだの関係がどのようなものであるのかさえ知ることはありません。これらの重要な相互作用は、遺伝子の言語が特定している範囲の外側にあるのです。

シリコン人間再び登場

それでは、思考実験をやってみましょう。

シリコン人間、思い出してください、彼らは炭素の機能をシリコンが果たしている世界の、知能を持った生物です。彼らは、遥かなる宇宙の旅に優れており、地球という惑星を見つけました。しかし、彼らは深刻な問題を持っていました。彼らは地球上では生きられないのです。地球の環境は、シリコン人間という生命体にとっては、ひどく敵対的なのです。さらには、彼らは人間や他の地球上の生き物を彼らの宇宙船へつれてくることもできません。なぜなら、彼らの宇宙船の中で住むということは、地球の生命体にとって同じくらい有害だからです。

しかし、彼らは自身の進化から、シリコン人間のコードに相当するもの、地球生命のコードがあるに違いないということを知っていました。彼らの場合には、これは不活性な化学的配列で記されていること、彼らのコード分子は息をするわけでもなく、シリゲン（彼らにとって酸素と同等のもの）を必要とするわけでもなく、などなどを明らかにしていました。

したがって、彼らはロボットを惑星の表面におろして、地球生命のコードを抽出できるのではないかと考えました――よし、それをＤＮＡと呼ぼう。とても満足できることに、彼らはその推測が正しかったことを明らかにしました。彼らは、ＤＮＡがやはり活性を持っていないことを見いだしました。それは、宇宙船へ運ぶことができ、解析してその配列を読むことができました。彼らはまさにそれを行いました。しばらくして、彼らはひとりの人間のＤＮＡを完全に読みました。

彼らに、この「活性のない」分子配列コードはもう一つの配列、蛋白質の配列のためであり、そして蛋白質はとても反応性が高い、という洞察も与えてみましょう。すると、コードが何を意味するか（つまり、どのＤＮＡ配列がどのアミノ酸に相当するか）について明らかにすることによって、彼らは人間を構成するすべての蛋白質――10万か、あるいはもっとたくさん――を決定しました。

しかし、そこで彼らは頓挫してしまいました。結局は、彼らの住んでいるのはシリコン世界です。彼らは水を持っていません。彼らは脂質を持っていません。しかし、彼ら自身の世界との比較から、彼らはそのようなものがあるに違いないと想像しました。彼らは、ＤＮＡコードの中にこれらの物質が何であるのかを示す手がかりを捜そうとしました。まったく不満なことに、何も見つけられませんでした。ＤＮＡコードが特定しているのは一種類の分子、蛋白質なのです[2]。そこには他の情報はありません。なんということでしょう！

彼らは、地球の生命はとても不可思議なものに違いないと結論しました。単に、何万もの蛋白質が一緒くたになっているだけです。おそらく、ヒトはある種のスープなのだ！ おそらく、地球生命はとても原始的だ。あくびをし、伸びをして、彼らは次の生命体のいる惑星に向けてスペーストラベルの用意を始めました。

そのとき、彼らのひとりにある考えが浮かびました。「ちょっと待って」彼は言いました。「私たちのコードだって〝単なる〟たくさんのシリコン配列にしかすぎない、って言えるんじゃないか。でも、そうじゃないってことを私たちは知っている。考えるし、子孫を残すし、などなど。明らかに、生命には分子配列以上の何かがある。」

「私たちがするべきことは、もう一つロボットをおくりだすことだ。下のあの惑星にあるとわかった不思議なもの（すなわち、水、空気、脂質など）を採取するカプセルを持ったロボットを。その不思議なものをカプセルに入れて持ってあがって、その環境の中でＤＮＡが働くようにして、何が起こるかを見てみようじゃないか。」それで、彼らはそのようにしました。それから、彼らは何が起こるか観察しました。驚いたことに、細胞が形成され、そして分裂して初期胚となり、それがすばらしい形質変換を起こし、９ヶ月後にはひとりの人間があらわれました。

確かに、これはあまりにも単純化しています。これは、クローニングであって、母親もなく、子宮もありません。これは文字通りの試験管ベイビーです。そうであったとしても、核のＤＮＡが働ける環境を提供するために、彼らが少なくとも一つの細胞を持ってきたと想定する必要があります。些細なことはまだいくつもありますが、この話のポイントはそこにはありません。問いかけて見ましょう。シリコン人間は、この驚くべき実験の結果にどのように反応したでしょうか？ おそらくは、パリのシェフたちのように、だまされたと思ったでしょう。「レシピ」は、このすべてを特定はしていません。それはただ起こるのです！

とんでもないオムレツだ！

要点はここにあります。ゲノム以上の多くのものが、生物体の発達には関与しているのです。もし、生命の音楽のための楽譜があるとしたら、それはゲノムではありません。あるいは、少なくともゲノムだけではありません。ＤＮＡは細胞という環境の外では決して働きません。そして、私たちはそれぞれＤＮＡ以上のものを受け継いでいます。私たちは母親から卵細胞をすべてのそのメカニズムとともに受け継いでいます。ミトコンドリア、リボソーム、そして核に入ってＤＮＡの転写を開始する蛋白質などの他の細胞質の成分を一緒に。これらの蛋白質は、少なくとも最初は、母親の遺伝子でコードされているものです。ブレンナーが言ったように、「抽出する正しいレベルは細胞であって、ゲノムではない」のです。

さらに（本当に付け足しですが）、私たちは世界を受け継いでいます。変わった化学的特性を持つ水、脂質、そして多くの他の分子。これらの分子の形態や特性はＤＮＡでコードされているわけでは

2　この単純化がすべて正しいというわけではありません。蛋白質をコードしないＲＮＡのためのＤＮＡがあることも知られています。そういったＲＮＡ分子は１００種類ほどの異なった蛋白質とともに、リボソームと呼ばれる細胞メカニズムを形成しています。ここではアミノ酸を一続きにつなげて蛋白質を合成しています。すべてのＤＮＡはまず始めにＲＮＡにコード化され、そのうちの一部が蛋白質をつくる鋳型としてリボソームで使われるのですが、私はこの複雑さを無視しました。

ありません。すべては与えられているのです。それでも、私たちの時代の生物学のセントラル・ドグマは、遺伝はＤＮＡを通してのみ起こる、というものです。この驚くべき考えが、どのようにしてこのような強い支配力を持ったのでしょう？　それから自由になることの意味は何でしょう？　これらが、私たちが問わねばならない疑問なのです。

第4章　指揮者——下向きの因果関係

生物体は、単に一連の設計図に従ってつくられたのではない。設計図とそれを実現するプロセスを区別すること、あるいはプランと実行を区別することは、簡単ではない。

コーエン、１９９９年

ゲノムはどのように演奏されるか

誰が３万のパイプを持つオルガンを演奏するのでしょう？　オルガン奏者がいるのでしょうか？　どのようなオルガン奏者がそこにいる可能性があるのでしょうか？

オルガン奏者は、オルガンのそれぞれのパイプの違いをよく理解して演奏します。現実のオルガンでは、パイプは演奏者より高い位置にありますが、気持ちとしては、演奏者は、その道具を従わせようとしているパターンと音楽の形式を見ながら、鍵盤とペダルを上から眺めているのです。オルガンを演奏するということは、多くのパイプを同時に呼び出すということです。複雑な曲では、パイプのほとんどが演奏のどこかで使用されます。オルガン奏者は、この巨大な装置にその能力を整然と示さなければなりません。そうした整然としたパターンは、演奏しうるすべてのパターンのごく一部でしかありません。ほとんどのパターンは、非常に不快なものです。

　これは、ゲノムが利用される方法にとてもよく似ています。心臓拍動や神経機能のような高次レベルの生理的機能を形成するためには、多くの遺伝子が同時に発現しています。十中八九、脳のような器官では、ゲノムの3分の1、およそ1万もの多くの遺伝子が発現しています。同じくらいの数が、心臓や肝臓というような、他の器官やシステムにも関与しているでしょう。「たった」2万~3万の遺伝子を用いてこれを行う、と言うと、それは問題であるように思えるかもしれません。

　しかしながら、遺伝子の数が足りなくなることはありません。なぜなら、多くの遺伝子は何度も使われ、一つ以上の器官やシステムで発現しているからです。体の**すべての**器官とシステムに発現している遺伝子も多くあります。どのような器官あるいはシステムが構築されるかを決めているのは、個々の遺伝子ではなく、それらの発現のパターンなのです。

　ゲノムの中のすべての遺伝子は、体のどの細胞の核の中にも存在しています。しかし、その多くはスイッチが切られており、器官ごとに違う遺伝子グループが関与しています。スイッチが入っている遺伝子群でも、どの器官あるいは細胞型に発現しているかによって、生成される蛋白質の量に非常に大きな差異があります。生涯の中の時期によっても、これらの器官やシステムでの遺伝子発現のパターンは変化します。胎児、新生児、成長しつつある子供、強壮な若者、忙しい親、そして年老いた祖父母、すべてが、大いに違った発現パターンを示します。

生命の音楽は交響曲です。それには、多くの異なる楽章があります。いくつかの旋律は何度も繰り返されますが、いずれにしても、それぞれの楽章は独立しているのです。

ゲノムはプログラムか

第1章の図1の簡単なダイアグラムを思い出してください。それは、ボトムアップの還元主義者の生命に対する見方を示しています。この見方では、ゲノムがすべての他のレベルに命令を出しています。もちろん、ある範囲では妥当だと言えるでしょう。しかし、それは私たちがいま見ている複雑性の全体を理解することを困難にしています。

純粋なボトムアップの視点では、ゲノムはすべての他のレベルに命令していると見なされています。現実に、ゲノムを生命のレシピと呼んでいる人たちさえいます。あたかも、それが、すべてのことが正しい順序で起こるようにしている指示書であるかのごとくに見なしているのです。この見方によれば、ある生物体が取りうる形がゲノムの中に表現されていなければなりません。この表現を読み取るのは難しいでしょうが、それはゲノムの中に存在し、ゆっくりと展開してゆくプログラムの中にコード化されている、と考えられています。

ある意味では、これは、生物学的データの解釈というより、一般的に物事がどのようになっていると思われているかという、先験的な仮定を反映していると言えます。これらの仮定には、他と同様に生物科学においても歴史があります。初期の生物学者は、生殖細胞は成体生物の縮小版（ミニチュア）

を含んでいるはずだと想像していました。そのプログラムが実際の地図（あるいは縮小版の生物体）であるのか、あるいは解釈されることが必要なコード化された地図であるのか、ということは、基本の考え方を変えるものではありません。この考え方によれば、存在するようになるものはすべて、あらかじめある種の縮小版として厳密に定義されていなければなりません。

もちろん、このように考える人たちも、環境が影響することは許容しています。しかし、この影響は、基本的に個別の生物体の遺伝的構造に第一義的に先在しているプロセスの微調整であると見なしています。このような考えは、とてもおかしな結果を導きます。遺伝と環境に、それぞれ異なる影響力を与えようとするのです。私たちが何ものであり、何をするかということのたとえば60パーセントあるいはもっと多くて90パーセントを遺伝子が決定しているとしましょう。そうなら、私たちはほとんど遺伝的に決定されている生物体であると言ってもよいかもしれません。本当にそうでしょうか？ もちろん、たとえばクモやアリの行動は、サルやヒトの行動と比べるとずっと多様性が少ないので、それらはずっと多く遺伝的に決定されていると言えるでしょう。しかし、それは、結果を０パーセントから１００パーセントまで測る、直線的な目盛りがある、ということを意味しているのでしょうか？ もちろん、そんなことはありません！ 確かに、遺伝子がなければ、私たちは何ものでもありません。しかし、遺伝子だけがあっても、やはり私たちは何ものでもないということは同等に真実なのです[1]。

さらに、遺伝子産物である蛋白質の相互作用は、さまざまな生化学的なネットワークをつくるので、非常に非線形です。ですから、線形の測り方で全体の数をどうやって推定できるのか、理解に苦しみます。私たちは、２＋２が常に４でなければならない相互作用を扱っているのではありません。ここでは、２＋２は５となるばかりでなく、１０５となることだってありうるのです！

またたとえば、一つが高さで、もう一つが重さで、またもう一つがＩＱ、皮膚の色、毛のはえ具合、性別、などなど、という多次元のスケールを用いても、この難しさを避けることはできません。できると考える人たちは、第2章の寓話の皇帝に似ています。彼らは、線形の条件で考えています。これは、明らかに間違いです。しかし、還元主義を基本的な解釈の枠組みとして採用するかぎり、避けがたいことでしょう。ここには、何か根本的に間違いがあります。これは、単に、ときどき数を間違ってしまうというような問題ではありません。ゲノムがある種のコンピュータプログラムに相当すると見なす考え全体について、私たちは非常に慎重に考察する必要があります。

ゲノムが生きている生物体の中で、コンピュータの中のプログラムのような役割を果たしていると言うことは、妥当でしょうか？　いま私たちが見ている生物世界を生み出すために、自然がしなければならなかったことなのでしょうか？　作曲家がするように、有能な音楽家が再創造し解釈するのに充分なだけの情報を単に記載することの方が、自然にとっては、より容易ではないでしょうか？　あとはまかせるのです。一挙に、世代から世代へと伝えられないとならないデータ量は大いに軽減され

1　このようなパーセンテージに意味を与えることにも、限定的な意義はあります。それは、ある特徴や行動の**変異**のどれほどがその母集団における遺伝的変異に起因するかを客観的に問えることです。これは多くの研究が測定しようと試みているものです。それゆえ、私の批判は、変異の測定を遺伝子決定の程度へと、結論を置き換えてしまう人びとに向けられています。

ます。生物体の完全なマップの必要性はないでしょう。ちょうど、楽譜が音楽そのものの完全な縮小マップではないように。必要なことのすべては、正しい環境のもとで、必要なことを始動させるのに充分なデータベースなのです。

もちろん、このアプローチは、ゲノムの演奏者が充分に有能であるときにだけ可能なことです。それでは、演奏者、つまり細胞のゲノムの解読装置は、どのようにしてそれを成し遂げるのでしょう？適切という以上に！　結局のところ、遺伝子は単独では死んでいるのも同然です。遺伝子が受精した卵子の中にあり、すべての蛋白質、脂質、そして他の母親から受け継いだ細胞のメカニズムがあって初めて、成長を開始するためにゲノムを読むプロセスが進行することができるのです。ゲノムが何かを発現するためには、少なくとも１００の異なる蛋白質がこのメカニズムに関与していなければならないのです。したがって、新しい生物体のまさに始まりにおいてさえ、還元主義者のボトムアップモデルで夢見られている以上のことが起こっているのです。高次レベルは図１に見るように、より下位レベルの活動を始動させるとともに、それに影響しています。これは、「下向きの因果関係」と呼べるでしょう。これが、蛋白質や細胞のメカニズムが転写とすべての転写後修飾を刺激し、制御する方法です。これが、何が遺伝子群を「奏でる」のかということです。よく制御された生物学的システムはどのようなものであれ、フィードバック制御を包含していなければなりません。したがって、明らかに、ある遺伝子の発現（これはある種間違ったことばですが）は、全体としてのシステムによって決定されるさまざまなレベルの活動を包含しています。これはあまりにも明白なことなので、それを強く繰り返して指摘しなければならないというのは、実に異常なことと言わざるをえません。

新しい生物体の生命の始めにおいてさえ、図1の高次レベルが関与している「下向きの因果関係」があります。それは、下位レベルでいろいろな活動を始動させ、それに影響するのです。事実は、両親から引き継がれますが、そこから分離されている多数の遺伝子のかたまりとして生命を開始する、という見方に反して、母親の全システムを含めたさまざまな環境からの遺伝子に対する影響の下に、生命は始まるのです。

遺伝子発現の制御

下向きの因果関係の例を見てみましょう。体の中の神経と筋肉は電気的シグナルにより働いています。すべての細胞と同じく、神経や筋肉細胞は膜に囲まれています。どの時点でも、ある値の膜電位を持っています。神経や筋肉が働くためには、電位が変化する必要があります。そのような変化を始めるために、膜を介して、電荷が移動する必要があります。そのチャージは物理的形をとります。それはイオンです。イオンは分子です。あるいは分子の一部分です。それは電流を運びます。それで、イオンの流れは電気的チャージを伝えます。そのような流れは、ある種のチャネルを通らなければなりません。チャネルは蛋白質分子です。そのような蛋白質分子それぞれについて、少なくとも一つの遺伝子がそれをコードしています。

この種のプロセスに関与するイオンに、ナトリウムイオンがあります。食塩、つまりナトリウムクロライドからできる正の電荷です。これを担う蛋白質はしたがって「ナトリウムチャネル」と呼ばれています。いかに早く膜電位が変化するかは、どのくらいその蛋白質が存在するかにかかっています。もし、多くのナトリウムチャネルが発現していると、電位はとても急速に変化することができます。この大きな電流は、それから、神経や筋肉線維に沿って急激に広がります。

さて、神経の機能のひとつは、急速にシグナルを伝えることです。したがって、転写のメカニズムが働いて、できるだけ多くのチャネル蛋白質を発現するようにしていると思うでしょう。しかし、そうではないのです。

約50年前、アラン・ホジキンは神経の信号の広がりについての方程式に取り組みました。彼が見つけたことは、もし神経のナトリウムチャネルの密度が増えると、電気信号はより早く伝わりますが、ただし、あるところまでに限られます。いったんこの限界に達すると、より多くのナトリウムチャネルを加えることで、かえって伝達が遅くなってしまいます。したがって、神経がスムースに最善の効率で機能するよう保つためには、ナトリウムチャネルを定常的に最適レベルまで発現し、それを超えないように維持するのがもっともよい方法です。そして、これが正常な状態で実際に起こっていることなのです。

システムにナトリウムチャネルが多すぎる状態になると、ナトリウムチャネルの発現量が減ります。すなわち、高次のシステムレベルで何かが起こって、下位の遺伝子レベルでの行動が変化するということです。これは、神経科学者が電気活動－転写連関と呼んでいることです。それはボトムアップではなく、トップダウンに働く因果関係の形です。これは、神経系に発現しているすべての遺伝子に当てはまります。

ある神経が興奮する、あるいはシナプスが使われる、その頻度が変化すると、遺伝子発現のレベルが変わります。神経細胞は自身の核にフィードバックをかけており、このフィードバックは核の中の遺伝子の行動を制御します（Deisseroth et al., 2003）。これは、常に起こっている、持続的なプロセスです。オルガン奏者は演奏を決してやめません！　生命の音楽は、生命そのものが持続するかぎり続いているのです。

まったく同じことが、心臓のような他の器官でも起こっています。そこでは、このプロセスはリモデリングと呼ばれています。運動選手の心臓、あるいはもう一方の極端である、心不全の人の心臓は、それぞれ平均的な健康な人の心臓とは違う遺伝子発現のパターンを示します。大変驚くことは、このリモデリングには非常に多くの遺伝子がかかわっていることです。一つの遺伝子、あるいはほんの少数の遺伝子群で、運動選手の心臓を完全に特徴づけることはできません。私たちがどのような種類の心臓をいま扱っているのか、ということを知るには少数の遺伝子を測れば充分で、それらは測定のマーカーとしては使えるかもしれません。しかし、それは音楽の開始の小節でシンフォニー全体を理解できると言うようなものです。最初の4つの音符で、ベートーベンの交響曲第5番がこれから演奏される、ということはわかりますが、シンフォニーそのものは最初の4音符よりはるかに膨大なのです。

下向きの因果関係は種々の形をとる

母親は、胎児の遺伝子発現レベルに良くも悪くも多くの影響を与えます。これらは、何年も後の、成人後の健康か病気かのパターンを決めることもあります。「母親効果」と呼ばれるこれらの影響は、幾世代を超えて広がることもあります。したがって、ゲノムはそれだけで、母親が子孫に伝える情報のすべてを運ぶわけではありません。すなわち、ある獲得形質は遺伝し、一世代か二世代のあいだ受け継がれうるということです。このような形の遺伝は、ネオダーウィニズムの考えにはありません。それどころか、それは、「ラマルキズム」と呼ばれ、重大なタブーに近いものです[2]。厳密に言えば、標準的な生物学のドグマに従えば、このようなことは起こりえません。

このような効果を探究するために、多くの努力が払われています（Jablonka and Lamb, 2006; Colvis et al., 2005; McMillen and Robinson, 2005）。私たちは、これからの長く、そして刺激的であろう発見のプロセスの開始点にいるのです。母親を介してはいろいろな方法で、そして、父親を介しては生殖細胞系列で伝わるのですが、これらの効果は、成長プロセスで個々人に性格が形成される道筋に比較しうるものです（第7章）、しかし重大な違いは、世代を超えて伝わることです。このプロセスに自然選択が働きえます。なぜなら、両親あるいは環境、その両方によって引き起こされた遺伝子マーキングのパターンは、選択の対象となりうるからです。しかし、新しい形の「ラマルキズム」が、生物学の主流に舞い戻るために羽を広げて待っているかどうかを言うのは、あまりに早すぎます。

これらの後成的《エピジェネティック》効果のあるものは、ラットのオスの繁殖力の場合、少なくとも4世代を超えて伝えられえます（Anway et al., 2005）。にもかかわらず、私たちはドグマのように、自然はただ一つのメカニズムで遺伝的な特徴を次世代へ伝えると限定してきました。明らかに、もっと慎重になる必要があります。ＤＮＡは、「純粋」なまじりけのない形で私たちにもたらされるわけではありません。それは、必ず完全な卵子と一緒に伝えられるのです。したがって、卵子あるいは初期胎児に影響する環境あるいは母性の効果は、原理的にゲノムにインプリントされ、さらにはゲノムとともに伝えられもするのです。

　このように、初期の成長に関与する遺伝子－蛋白質ネットワークは、卵子に入ったいくつかの母性蛋白質（いくつかの母性遺伝子によってコードされています）によって「制御」されます（Coen, 1999; Dover, 2000）。

　私たちはすでに、このように平行して伝えられる一般的な形をよく知っています。細胞の中のエネルギー工場はミトコンドリアと呼ばれています。それは、細胞によって「捕らえられた」、あるいは細胞へ「侵入した」バクテリアのような生物体に由来しています。細胞と細胞に侵入したミトコンドリアは、それからお互いにとって利益のある共生を始めたのです。以前はまったく独立した生命体であったという起源を反映して、ミトコンドリアは彼ら自身の独自のＤＮＡを持っています。したがって、核のゲノムの一部ではない、ミトコンドリアのＤＮＡの遺伝が起こります。卵子蛋白質の他の部分が伝わるメカニズムもまったく同じであるということは、きわめて考えやすいことです。

　このような効果は、下等動物ではすでに確立されています。ミジンコ（*Daphnia*）では、遺伝子発現のいろいろな変化は卵子を通して伝えることができ、繊毛を持った原生動物では、繊毛のパターンはＤＮＡとは独立に伝えることができます（Maynard Smith, 1998）。この問題は、第7章でもう一度扱

2　第7章で説明する理由により、私は「ラマルキズム」とカギ括弧で囲んで使用します。この語は、この現象に使われるようになりましたが、歴史的に見ると正しくありません。

いましょう。

別の形の下向きの因果関係

下向きの因果関係は、遺伝子発現と卵子を通しての影響伝達の効果に限られているわけではありません。図1で示したダイアグラムのどの高次レベルも、どの下位レベルの活動にも影響することができます。体の細胞と器官は、これらの影響を伝える多くの異なったメッセンジャーをつくりだします。これらのメッセンジャーは小分子です。遠く離れた伝達のためには、メッセンジャーは血流を介して送られ、ホルモンと呼ばれます。隣り合った細胞間の短い距離の伝達では、それらはトランスミッターと呼ばれます。両方とも、これらの物質は他の細胞の細胞表面にある受容体と呼ばれる蛋白質に結合して作用します。

　このようにして、血管系の中を巡っているホルモンは、細胞表面の受容体に作用して細胞の中の現象に影響します。そして、細胞の中で化学反応を起こします。これらのホルモンを産生する器官を内分泌腺と呼びます。ホルモンと受容体の関係は、ちょうど鍵と鍵穴のようなもので、ホルモンは他の器官の特定の細胞を標的とすることができます。ある鍵（ホルモン）はそれに特異的な鍵穴（受容体）に入ることが必要です。正しい鍵だけが受容体に入ることができます。いったんこれが起こると、細胞の中で一連の現象が起こり、細胞の機能を変化させます。

　これがホルモンが作用する方法です。たとえば、卵巣から卵子が放出されるように刺激したり、運

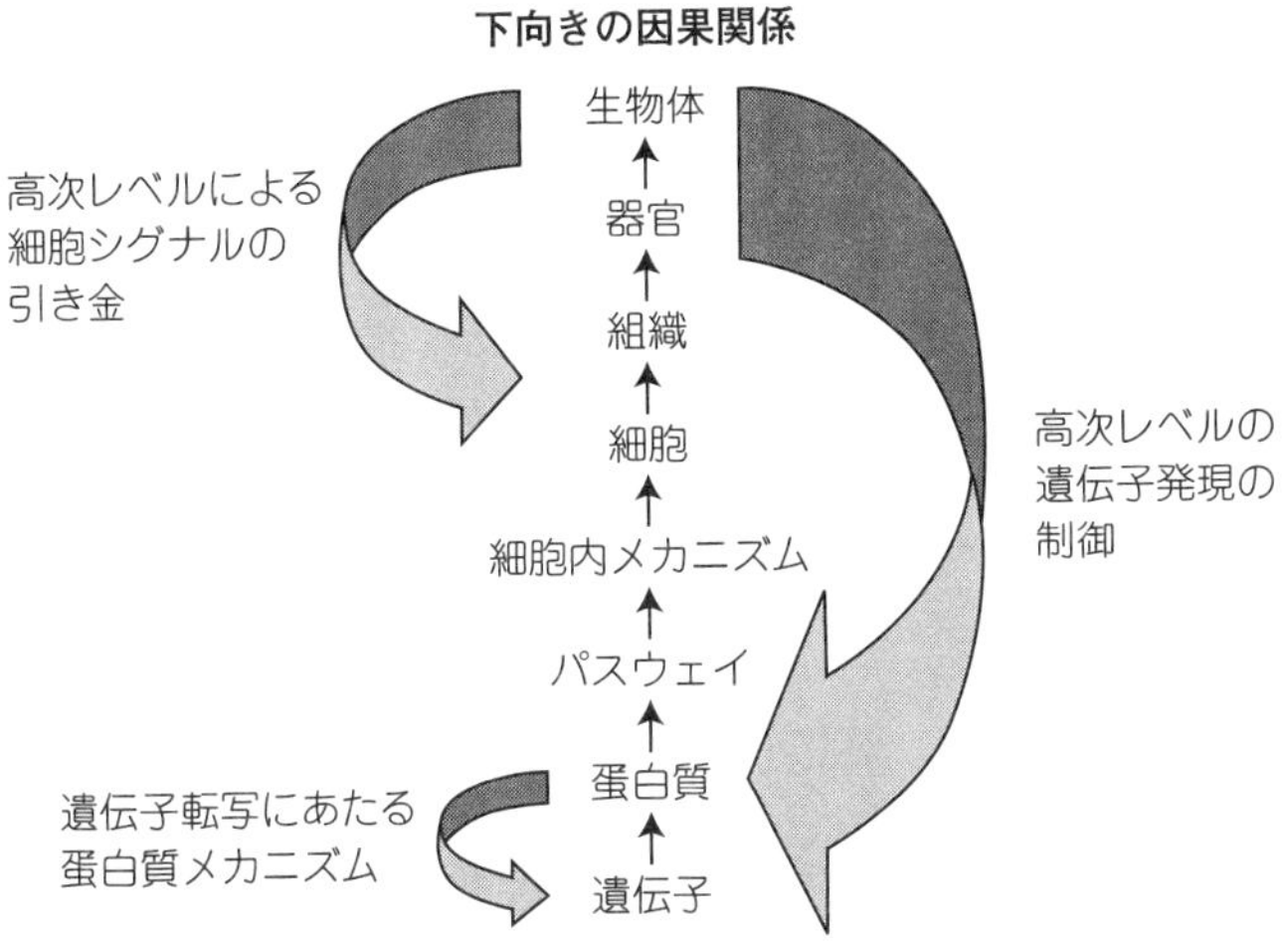

図2　図1に下向きの因果を加えて完成させた図。たとえば、高次のレベルが細胞シグナルと遺伝子発現の引き金となる。蛋白質から遺伝子に向かう下向きの矢印は、遺伝子コードを読んで解釈するのは蛋白質メカニズムであることを示している、ということに注意。下向きと上向きに相互作用している因果のループは、生物学的有機体のあらゆるレベル間につくられうる。

動中に心臓を速く拍動させたり、乳房でミルクが産生されるようにしたり、細胞の中に糖が蓄積されるようにしたり、等々。ホルモン作用のリストはとても長いものです。生物学者はこれらをまとめて、ホルモン系と呼びます。

トランスミッターは、神経系によって、支配下にあるすべての標的細胞を制御するために使われています。神経終末とそれが接着している器官のあいだの距離はごく短いので、トランスミッターを使った情報伝達は内分泌による制御に比べてとても速いのです。これが、たとえば、神経系がすばやく筋肉を収縮させたり、心拍数をあげたりする方法です。

したがって、図1は非常に不完全であるということがわかります。図2は、この欠陥を修正しようとしたものです。大きな下向きの矢印は、下向きの因果関係のいくつかの例を示しています。すなわち、ある現象が次の現象を引き起こし、それがさらに次を引き起こし、等々。上向きの（還元主義者の）因果関係がこれより厳密だということはありませんし、また、より科学的だと主張する根拠もありません。私たちは、両方の形の因果関係を同じように定量化することができます。どちらかの方が数式で表現するのが簡単だということもありません。

事実、下向きの因果関係に特別に新しいことは何もありません。複雑なシステムがフィードバック効果、すなわち、高次レベルのシステムあるいはパラメータが下位レベルの要素に影響するというプロセスによって自身を制御するということは、よく見られることです。

生命のプログラムはどこに？

前の章で、ゲノムが生物体のすべての生物学的プロセスの創造と行動を指示するプログラムであると、時に言われることを述べました。しかし、これは事実ではありません。それは比喩的表現なのです。しかも、非現実的であり、役立つものでもありません。本章の第一の目的は、そのような比喩に別れを告げることです。そこで、私たちは、遺伝子転写とそれに続く生成された蛋白質の修飾に必要な細胞メカニズム（蛋白質、膜、オルガネラ）に焦点を合わせてきました。私たちはまた、ゲノムを、演奏者を必要とするオルガンにたとえて話を進めてきました。これは、これから描いてゆく生物学的機能の構図について考えをめぐらすのにも役立ちます。

これまでは、うまくいったと思います。それでも、次のような印象は残っているかもしれません。よろしい、ゲノムはプログラムではないかもしれないが、それはプログラムが**ない**ということを意味しているわけではない、むしろ、どこか他のところにそれを捜さなければならない、というだけのことなのでは？　おそらく、細胞のメカニズムに潜んでいるんじゃないでしょうか。

この印象も訂正する必要があります。ゲノムはプログラムでないばかりでなく、体の中にある細胞も、器官も、システムもプログラムではありません。私のオルガン奏者の比喩には限界があり、それはいろいろな比喩のひとつでしかありません。

科学者もそうでない人たちも、きちんとした、明確な模式図が大好きです。自然はそうではありません。自然は本来的に乱雑なものです。これは驚くようなことではありません。自然選択は長い時間がかかる偶然のプロセスです。そのプロセスの根本的な御者は、いつもランダムです。遺伝子変異、遺伝的変動（genetic drift）、気候、そして、隕石の衝突や地質学的出来事などです。そうであるなら、その結果がなぜ、継続する生命システムがどのように構築されたのかに関する私たちの論理的考えに適合しなければならない、というのでしょうか？

あちらにもこちらにも工学的な「間違い」があります。たとえば、ほ乳類の網膜は後ろ向きにアレンジされています。そのため、光は光受容器に到達する前に、絡み合う神経細胞の層を通らないといけなくなっています。そして、体中で、神経、血管、そして管が奇妙な経路を通っています。それら自体としては、妥当性はありません。偶発的な進化の歴史を考慮に入れて、はじめて納得できるものなのです。自然は、頻繁に袋小路へ迷い込んでしまい、それから逃れるために、奇妙な結果を残してきました。

生命のいろいろなシステムは、もしそれらを構成する部分が意図的に整えられてきたのであればそうであったであろう姿では、まったくありません。それで、私たちがゲノムを「演奏」する誰かについて話をするときには、どのような一群の分子も他に比べてよい位置を与えられているというようなことはないのだ、ということを認識しなければなりません。自然は、利用できるものは何であれ常に利用するのです。それはまた、私たちが「オルガン奏者」としてある程度想像できる制御のパターンを、自然が進化させてきた方法でもあるのです。

蛋白質、遺伝子、膜、オルガネラ等々を制御するネットワークがすべて一緒になって、ごちゃまぜになって働き続けているのです。

したがって、たとえば、遺伝子それ自身が、遺伝子発現レベルを調節する制御ネットワークの一部でもありえるのです。第5章で、そのようなネットワークの例を見ることにしましょう。繰り返しますが、その生物体の生存にとって特異的な成功する論理に高次のシステムが適合しているときにのみ、あるシステムのコンポーネントは生き残ることができます。しかし、これは、それぞれのコンポーネントが理想的なやり方、あるいはその論理にもっとも適合するやり方で働いているということを意味しているのではありません。実際、そのシステム（オルガン奏者）は、生き残るためには、下位レベルのあらゆる種類の思いがけない出来事を調節しなければなりません。

システムの全体としての論理は、あるプログラムがコンピュータを動かしているときに起こることに、非常によく似ています。しかし、それ自体は、そのようなプログラムが現実にある、ということを意味しているわけではありません。もしコンピュータの比喩を使いたいのであれば、制御は単にハードウェアとして組み込まれていて、ソフトウェアを必要としないと言えるかもしれません。これは、コンピュータモデルの限界を示しています。コンピュータのことばで考えるには、ソフトウェアプログラムとそれが制御するハードウェアとを区別しなければなりません。生命システムでは、そのような区別があるようには思えません。なぜ、そのようなものがあるべきなのでしょう？ 必要としないのであれば、自然がソフトウェアを別個に発展させなければならなかった理由など、まったくありません。

著名な植物遺伝学者であるエンリコ・コーエンが、このことを端的に述べています。「生物体は、単に一連の設計図に従ってつくられたのではない。設計図とそれを実現するプロセスを区別すること、あるいはプランと実行を区別することは、簡単ではない」（Coen, 1999）。リチャード・ドーキンスも同様の考えを表明しています。彼は次のように書いています。

> もし、コンピュータが何か賢く、人のようなこと、たとえばチェスをしているとして、私たちがどのようにしてそれをしているのかを問うとすると、私たちは何もトランジスタについて聞きたいとは思いません。当然それらは働いている。……私たちはその行動についての**ソフトウェアの説明**を必要としているのです。動物が必ずしもコンピュータのように動いている、とは思いません。おそらくそれらはずいぶん違っています。しかし、下位レベルでの説明が、必ずしもコン

ピュータの説明として適しているのではないというのと同じことが、動物についても言えます。動物もコンピュータも大変複雑であるので、共に、何かしらソフトウェアのレベルでの説明が適切に違いありません。(Dawkins, 1976)

これは、私がこの本で主張しようとしている、生物学的説明の多階層(レベル)性という特性を、大変うまく表現しています。暗示的なことに、この論文は『利己的な遺伝子』と同じ年に出版されたのです。

したがって、もっとも高次からもっとも低次まで、遺伝子自身で構成されるネットワークも含めて、すべてのレベルにおける相互作用の制御ネットワークから、その「オルガン奏者」はできています。他に対して何をするかを指令するような優越的なコンポーネントは、一切ありません。むしろ民主主義的な形であって、すべてのレベルのすべての要素が、制御ネットワークの一部となるチャンスを持っているのです。その調整する手は、オルガン奏者のそれというより、指揮者のそれでしょう。あるいはおそらく、「仮想の指揮者」を考えるべきかもしれません。すなわち、システムは指揮者がいる「かのごとく」に行動するのです。遺伝子たちは、「あたかも」この指揮者によって「演奏」されているように、あるいはむしろ、指揮者なしで演奏するオーケストラのように、行動するのです。

もし私たちが、どうしてもコンピュータの比喩を使いたいのであれば、それは可能です。私たちはこんなコンピュータを想像することができます。ある行動をするようにプログラムされていたが、その機能性がマシンそのものの中にハードウェアとして配線されてしまって、プログラムは消失してしまった、というものです。それで、それはプログラムを走らせているマシンのように動きますが、実際にはプログラムを走らせてはいません。生命システムでは、しかしながら、プログラムは存在していないし、存在したこともありません。私たちは、進化の歴史をプログラムと見ることもできるかもしれません（第8章参照）。しかし、これは実に拡大解釈なのです。

要するに、本章が「遺伝子がすべてをプログラムする」という見方に対しての強力な解毒剤となったならよいと思います。この目的のために、それとは別の比喩を持ち出すことが有益でした。しかし、もちろん、比喩の妥当性には常に限界があります。それは、理解へのはしごです。それを上ったら、投げ捨ててかまわないのです。

第5章　リズムセクション——心臓拍動とその他のリズム

私は、コンピュータの世界市場は多分5台くらいだと思う。

トーマス・ワトソン（1874-1956）ＩＢＭ会長、１９４３年

生物学的計算の始まり

コンピュータの世界市場は、今日では、何十億台の規模です。現在の後知恵で、トーマス・ワトソン氏の予想を笑うことは簡単です。しかし、私はそんなことはしません。私は、彼が言っている種類のコンピュータを実際に使ったことがあります。16年後の１９５９年においてさえ、コンピュータはまだまだ非常に少ない数しかありませんでした。巨大な、真空管でできているマシンでした。それは、大学や工場の地下室の広大な場所を占め、膨大な電力を消費しました。大戦後のイギリスでは、電力そのものが、そういうマシンの使用を制限する要因のひとつでした。

ロンドン大学全体として、そのようなマシンが一台だけあり、マーキュリーと呼ばれていました。

それは神のごとくに、用心深く、初期の科学計算の聖職者たちによって守られていました。そのマシンの一秒一秒が貴重なものでした。ワードプロセッサーのような些細なことに使うなど、考えるだにできないことでした！　大量の演算を行う真剣な課題だけが、これを使うに値するのでした。

　コンピュータ学者以外にマーキュリーを使うのは、素粒子物理学者、結晶学者、そして、数値解析をする人たちでした。これらの科学者たちは数学に通じており、鑽孔テープを使ってどのようにコンピュータをプログラムすればよいか学習しました。彼らは機械言語を使いました。そして、ときどきは、その後に最初期のコンピュータ言語のひとつとなってゆく、まだ定まっていない段階の言語の助けを借りました。それらは、際限のない0と1からなる機械コードから出発してできてきたのです。

　このような状況の中で、まだＰｈ・Ｄの学位も取っておらず数学の専門的知識も充分でない、ひとりの若い生理学者が、ブルームスベリイの地下室の戸口にやってきました。その地下室には電力食いの神が設置されていました。そして、彼は計算するための時間を少し割いてもらえないかと請いました。返答は断固とした「ノー」でした。私は、出口を示されました。

　私の教授のひとりは常々、ケンブリッジ大学のアンドリュー・ハクスレイのもとへ課題を持っていった方がよいだろう、と示唆していました。彼はすでに、アラン・ホジキンとともに、神経の電気活動を計算するという課題を解決していました。後に１９６３年、彼らはこの業績でノーベル賞を授与されました。アンドリュー・ハクスレイは、別の最初期のコンピュータのひとつである、ＥＤＳＡＣと呼ばれるケンブリッジのマシンを使っていました。しかし私は、お菓子の入った大事な箱をかかえた生徒さながらでした。心臓の電気活動についての私の最初の実験結果なのです。いくらすばらしい人であっても、このお菓子を他の誰かにすべて渡さないといけないという考えは、気が進まないものでした。

しかしながら、この話にはさらに続きがあります。ほとんどの生物学者が数値化など望みがないと思っていた時期に、私がなぜ、数学的モデル化をするための時間を懇請したのでしょうか？　大学中の生物学者の誰も、あえてそんなことをしようとはしていませんでした。そして、私が有資格であると主張するにはほど遠い状態でした。私は、学位はもちろんのこと、数学のAレベル［英国の大学入学のための学力証明］さえ持っていませんでした！

心臓リズムを再構成する――最初の試み

私は生理学の研究キャリアを筋金入りの還元主義者として開始しました。私は、興奮性細胞のイオンチャネルの研究をしていました。興奮性細胞の基本的な例は、神経細胞（あるいはニューロン）です。それは電気信号を伝達することができるという点で、興奮性でした。すでに見てきたように、いろいろなイオンが、これが起こるカギです。

すべては、細胞膜の中で始まります。細胞膜は、ゆるく結合した二重層の脂質から構成され、あいだに空隙があります。リン脂質分子の一方の端は水をはじき、もう一方は親水性です。細胞の中は水性です。細胞が生きている環境もそうです。ですから、細胞膜の内側の層の脂質は細胞の中の方に向かって、その親水性の端を向けています、そして外側の層の脂質は逆方向になっています。二つの脂質層の間隙は、流動性があり不安定です（水性ではありませんが）。この脂質の構造に埋め込まれているのが、蛋白質です。細胞壁を介して相互作用が起こるのは、これらの蛋白質を経由してのことです。蛋白質のあるものは、実際、膜のどちらかの側を突き抜けて端を出しています。どちらの端も異なった分子の形を持っています。その蛋白質の分子構造を通って流れるイオンを、ある形は阻害し、他の形は促進します。いったん中に入ると、イオンはその構造に沿って通過し、他方から外に出ます。覚えていると思いますが、イオンは電荷を運びます。このようにして、電流が神経細胞の壁を通過して流れることができ、それで細胞の中に電気的インパルスを生じさせることができます。これが、神経や筋肉が興奮する方法です。

それはともかく、私は１９５８年、後にグラスゴー大学の欽定講座教授となったオットー・ハッターの研究生となりました。オットーはそのころ、ドイツの生理学者、ウォルフガング・トラウトワインとすばらしい実験をしたばかりでした。それは、神経活動がペースメーカー領域（心臓拍動が生成される場所）の細胞に働いて、心臓のリズムを遅くする方法に関するものでした。

異なる蛋白質は異なるイオンに親和性があり、それに通る道を提供します。このとき、私たちはカリウムイオンとそれに対応する蛋白質、カリウムチャネル、を扱っていました。それで、オットーは私に電気的変化に対して、どのようにカリウムチャネルが反応するかを研究するように言いました。分子生物学が完全に姿をあらわす以前のその当時としては、これが可能な還元主義的研究でした。現在では、私たちはこのようなチャネルが蛋白質でできていることを知っていますし、ほとんどの場合、どの遺伝子がどのチャネル蛋白質をコードしているかもわかっています。

オットーと私は、初期の重要な成功をおさめました。私たちは、ホジキンとハクスレイが神経において成し遂げた研究の上に仕事をしていました。彼らは、一つひとつの神経インパルスのあいだに、カリウムチャネルが開くことを示していました。したがって私たちは、心臓の筋肉でもこのようなチャネルが見いだされるだろうと期待していました。そして、見つけました。心臓では、カリウムチャネルはもっとゆっくりしていることを、私たちは見いだしました。それも予想されたことでした。神経細胞の電気的インパルスは1秒の１０００分の1くらいしか持続しません。心臓では、インパルスは何百倍も長く、1秒の中の大きなフラクションの間続きます。人間の心拍数は1分間にだいたい60なので、1秒のあいだにインパルスが起こり、そして次の拍動までに回復するということが起こります。

そして、予想もしなかったことが起こりました。私たちは、あるカリウムチャネルがそれぞれの心拍の最中に、すばやく閉じることを見いだしたのです。それは、私たちが予想したのとは正反対でした。これが、実験科学の本当の喜びです。何か新しいことがあらわれたとき、誰もそれを自分だけにとどめておくことはできません。飛び出していって、世界中にそのことを言いたくなります。

しかし、その実験に何か間違いがあったのではないでしょうか？　現実には、私たちはそうだとは真剣には考えませんでしたが、注意深くなる理由がありました。予期していない発見を報告するとなれば、査読者が批判的であることを覚悟しなければなりません。それで、私たちはありうる間違いを除外するために、なすべきコントロール実験をしました。さらには、バーナード・カッツ（後に、神経筋肉の神経伝達に関する仕事で、やはりノーベル賞を受賞しました）が、同じようなチャネルを体の中の異なる種類の筋肉で見つけました。それで、このチャネルが見つけられた体の器官は、心臓だけではなくなりました。

このようなプロセスが効果的にエネルギーを節約するメカニズムの一部であることが、だんだんとわかってきました。それはすべて、イオン濃度勾配と関係があります。もし、ある種のイオンが神経や筋肉細胞の内側よりも外側に多くあるとしたら、それは内側に移動しようとします。反対に、内側に多い場合は、外側へ行こうとします。すなわち、イオンはその電気化学的勾配に従って拡散します。カリウムイオンの場合のように、細胞から外向きの場合もあれば、ナトリウムイオンのように、細胞の中へと内向きの場合もあります。

さて、心臓をつくっている筋肉細胞について考えてみましょう。心臓が拍動するとき、強い電気的インパルスがこれらの細胞を通過します。すなわち、帯電したイオンがたくさん、内向きに、あるいは外向きにそれぞれのイオンチャネル蛋白質を通って流れます。ここまではよいのですが、よいことばかりではありません。もし、多すぎるイオンが動いたとすると、心臓が再び拍動する前に、そのイオンを元に戻し、イオン濃度勾配を回復するために多くの仕事をしないとなりません。

それで、異常整流性カリウムチャネルが心臓拍動の最中に閉じるということの理由が、理解できました。このことは、イオン濃度勾配を保持するのに役立ち、それで、時間あたりのエネルギーの消費を節約することになります。その効果は大きいものです。各心臓拍動のあいだのイオンの動きを大いに減らすことは、イオン移動を回復し、そして活動を維持するために必要な全エネルギーを減少します。エネルギー要求量のちがいは、10倍くらいです。

これが、私の統合的システムズバイオロジーとの最初の出会いでした。それは、高次レベルの生物学的プロセスの全体としての論理というものに、そして、それが次の疑問を説明するのにどのように役立ちうるのかということに、私の注意を向けさせました。すなわち、何故あるシステムが下位レベルでそのように働いているのか、そしてそれが今あるようにどのように進化してきたのか、という疑問です。多くのレベルでこのような効果が起こるということも、理解できました。そうです。メカニズムを、エネルギーを節約するという観点から見ることが可能でした。しかしまた、カリウムチャネルの動きのこの二つのパターンが、心臓の他の種類のイオンチャネルの活動と一緒になって、リズム活動を生むことができるのです。

自然の現実と実験を通して遭遇したことが、私に新しい種類の考えを教え始めていました。当時は、もちろん、私はそれを充分には理解していませんでしたし、40年後にこの種の考えがいかに重要になるかということを感知してもいませんでした。代わりに、私は心臓生理学のひとつの果実に届こうとしていました。すなわち、心臓のペースメーカーリズムをどのように説明するか、ということです。突然、それが到達できる範囲だと思えました。

考えは、種々のイオンチャネルの複雑な動きで、このリズムを説明するというものです。他の人たちもこのアプローチをすでに提唱していました。広く言えば、この理論そのものは新しいものではありませんでした。新しかったのは、実験データでした。この理論を**定量的に**支持するための充分なデータを生み出すことができるでしょうか？ そのためには、数学的な解析と数学的モデルを構築することが必要だと思われました。それができる可能性は、はっきりしないものでした。

私は学生として、ホジキンとハクスレイが、数年前に神経インパルスの伝導をモデル化したやり方に魅了されていました。彼らの論文は44ページもの長さで、数式がちりばめられていましたが、それは記念碑的な仕事です。学部学生として、私はそれを完全には理解してはいませんでしたが、非常に印象づけられました。これは、どのようにして生物学が物理科学のように定量的になりうるか、を示していました。

アンドリュー・ハクスレイが6ヶ月のあいだ手動計算機（ガチャガチャ音をたてるドイツ製のブルンスビガという機械）を使ってその計算をしたと、私は聞きました。同じようなことを心臓でも行えるでしょうか？　そして、そのようにしてペースメーカーリズムを再現することができるでしょうか？　私は、ブルンスビガを一台手に入れさえしました。

しかし、ブルンスビガ計算機では、神経活動の数千分の1秒を計算するだけで、何ヶ月もかかりました。まるまる1秒の心臓の活動を計算するのに、いったいどのくらいの時間がかかるでしょう？　明らかに、コンピュータが必要でした。何年もかかるかもしれない計算は、学位をとるために論文を書かねばならない博士課程大学院生の選択肢ではありませんでした。

このようなわけで、実験結果といくつかの手書きの試算結果を持って、マーキュリー・コンピュータの守護者たちを訪れたのでした。私は、息も切らさず、数学的にはきわめてナイーブなことばで、何をしたいのかを説明しなければなりませんでした。実験データをいくつかの非線形の表現に当てはめてみて、それから、心臓細胞の電気的状態の微分方程式を解いて、それから、（あら不思議！）コンピュータの出力から振動リズムがあらわれるでしょう。

一つの質問が私の話を止めてしまいました。「ノーブルさん、あなたの式の中のどこに振動子があるんですか？　あなたは何がリズムを駆動すると思っているんですか？」

私は、何も言えませんでした。どのように答えればよいか、まったく考えが浮かびませんでした。

一枚の紙に、私はこうなるであろうと思うところの、生理学的相互作用を描いてみました。これは、私の数学のナイーブさを確認しただけでした。私の式の中には、どこにも振動子関数はありませんでした。30年後、心臓リズムの数学的モデル化を何度も行った後に、ある全国版の新聞の科学担当者からほとんど同じ質問を受けました。そのときは、私は答えを知っていました。**馬鹿げた質問だ！**（もちろん、私は、その記者に対してこのような言い方はしませんでした。）

それでも、それは妥当な質問のように思えます。振動するシステムにはある特別のコンポーネントがあって、それが振動し、それをめぐって全体のシステムの動きが同調されている、そして、そのコンポーネントが振動する様子を記述する数学関数があるはずだ、という考えです。実際、もし、人が創った機械的なシステムについて話しているのであれば、これは明らかに必要な質問です。しかし、私たちが話しているものは違います。リズムを持って動いてはいますが、特別な「振動子」成分を持たないシステムがあるのです。そのような振動子が必要ではないのです。理由は、そのリズムがいくつもの蛋白質（チャネル）メカニズムの相互作用の結果としてあらわれる統合的活動だからです。

したがって、分子レベルでの振動式は必要ではありません。リズムはシステムの特性なのです。ある生物学者はこのような特性を「創発的」特性と呼んでいます。私は、「システムレベル」特性という言い方が好みですが、私たちは同種の現象について話しているのです。私のプロジェクトについてマーキュリー・コンピュータの守護者たちと話していたその昔にこの答えを知っていたとしても、私は彼らを納得させることができたかどうか、確信はありません。彼らも断固たる還元主義者でした。彼らは、もしリズムが計算からあらわれるのであれば、リズムジェネレータが必ずあるはずだと仮定します。彼らは、少なくとも一つの数式に、サイン波の振動があるか、あるいはそれによく似た関数があることを見たかったのです。一つもそのような式はありませんでした。だから、彼らは信用しなかったのです。

しかしながら、私は最後には彼らをうちまかしました。私は時間を割いて、工学部の学生のための数学の講義に出席しました。私は、行列、微分方程式、ベッセル関数、複素数などをどのように扱うかについて、学び始めたのです。私は、マニュアルを取り出して、わけのわからないプログラム言語を習いさえしました。それは、私の数式を何巻もの紙テープに打ち込まれるコンピュータコードに変換するのに必要でした。そうしてから、私は再び地下室のドアを叩いたのです。

しぶしぶ、彼らは私にチャンスを与えることに同意しました。私は一日2時間くらい計算時間が必要だと算定され、午前2時から4時までのあいだの時間を得ることができました!!

それで、私の研究の一日は、午前1時30分に始まるようになりました。すばやくコーヒーを飲み、それからマーキュリー・コンピュータのところでの2時間です。それから、午前5時に、その日の実験に使う羊の心臓を屠殺場に取りに行きました。この実験はマーキュリーのプログラムに戻る時刻まで続くこともしばしばでした。この経験は私の概日リズムを完全に破壊しました。本章ではあとで、このような種類のリズムについて述べることにしましょう。

統合的レベルでの心臓リズム

この章の話は、個人的なものです。しかし、それはこの小さな本の主題と深く関係しています。私は、すべての面で幸運でした。オットー・ハッターと私は、予期していなかった重要な実験結果を得ました。そのすべてを一つのモデルにまとめるのに充分な数学とコンピュータプログラムを、私は学びました。そして、数ヶ月後に、『ネイチャー』誌に二つの論文を発表できました。私たちの考えはうまくいきました。

それ以来、初期の仕事を何度も微調整してきました。細胞モデルははるかに複雑になりました。そして、それらはニュージーランドのオークランド大学の仲間たちによって創られた非常に印象的な全器官の解剖学的モデルに取り入れられ、最初の仮想器官、仮想心臓を構築するのに使われました。しかし、初期のモデルの考え方は、大方そのまま保たれています。簡単に言えば、心臓細胞のリズム活動を説明するためには、50個以下の蛋白質の活性を考慮に入れれば充分である、ということです。これは、自然がモジュールシステムを使っているよい例です。

基本的なリズムのメカニズムは、蛋白質の比較的コンパクトでつながりのつよいネットワークと、それらをコードする遺伝子により成立しています。それは、体の他のところでも起こっている環境の中、すなわち多くの他の蛋白質が活動する中でのみ、作動します。しかし、その環境の中では、この小さなモジュールシステムが、みなさんも同意してくださるだろうと思いますが、きわめて驚くべき効果を生み出すのに充分なのです。

さあ、この場合に、どのように統合的活動が働いているのかを見てみましょう。この話の要点は、因果関係が上向きにも下向きにも、両方向に働くということです。構成要素はシステムの動きを変化させます。そして今度は、システムが各要素の動きを変化させるのです。システムは細胞です。心臓の中の筋肉細胞です（図3の場合は、ウサギ心臓のペースメーカー細胞です）。構成要素は、電荷を持ったイオンを通過させる蛋白質分子です（この場合は、電荷を持ったイオンは、最初はカリウムイオンで、それからカルシウム、そして最後にはいろいろなイオンの混合です）。

リズムの動きは、電圧あるいは電位で表されます。心臓が拍動するにつれて、関係する筋肉細胞の電圧は上がり下がりします。チャネル蛋白質を通る種々のイオンの流れもそうです。振動のこれらの二つのパターンは、明らかにつながっています。ではどのように？

さて、一つ目は、チャネル蛋白質の動きが細胞の重要なリズム活動を駆動する、というものです。チャネルをイオンが流れなければ、電圧の変化は起こりません。それは明らかで、ここから考え始めましょう。この話の要点は、それは反対向きにも働いているということです。すなわち、細胞のリズム活動がチャネル蛋白質の動きを駆動しているのです。このことは、細胞のリズムからイオンを流す蛋白質へのフィードバックを断ち切ることで、示すことができます。もしそうすると、システムは全体として機能することを止めてしまいます。細胞レベルでも、分子レベルでも、振動の兆候はもはや存在しません。

チャネル蛋白質の内部としては、何も変化していません。したがって、もしこの生物学的現象がボトムアップの因果関係でのみつくりだされているとすると、この時点でそれが止まってしまう理由がありません。しかし、止まるのです。したがって、明らかに、下向きの因果関係、すなわち、システムから構成要素へのフィードバック効果が、システム全体が機能するのに不可欠である、ということになります。

もちろん、現実の生きている心臓で、このフィードバック効果を断ち切ることは簡単ではありません。私たちができることは、コンピュータモデルをつくることです。まず、単離されたペースメーカー細胞を使って測定し、その結果を綿密に解析し、そこで何が起こっているのかを同定します。それから、それを基礎に、複雑な一連の計算を行うコンピュータプログラムをつくり、その計算結果が現実の生物学的現象に一致するようにします。

細胞の電圧が振動し、細胞が拍動するに伴って、チャネル蛋白質の環境は変化します。そして、それがチャネルの動きに影響します。したがって、私たちのモデルがうまく作動するためには、細胞環境の変化が蛋白質分子に与えるインパクトを表す計算をモデルに入れ込まないとなりません。

私たちのコンピュータプログラムは、蛋白質とイオンの動きを表す他のすべての計算と一緒に、これらの計算を実行します。そのプログラムは、正しい結果を出してきました。生きている心臓の動きをうまくモデル化できていました。それからしばらくたって、私たちは、そのプログラムの実行方法を変えました。つまり、フィードバック効果に関係した計算だけを行わずに、他の計算はすべて行ったのです。そうすると、直ちに、コンピュータモデルとして表されているシステム全体は止まってしまいました。

図3は、これを図示しています。

最上段のグラフは、細胞の電圧が時間とともにどのように変化しているかを示しています。下のグラフは、3種類のチャネル蛋白質のメカニズムが時間とともに変化する様子を示しています。この3種類というのは、カリウムチャネル、カルシウムチャネル、さまざまなイオンを運ぶことができる非選択性陽イオンチャネルです。モデルにはここに示してあるよりずっと多くの蛋白質が入っていますが、それらを全部入れると、わけが分からない図になってしまうでしょう。水平の軸はミリ秒の単位で表されています（ですから、千分の1秒です）。垂直軸は電圧のグラフに対してはミリボルトで、チャネル蛋白質の活動を示している電流グラフに対してはナノアンペアです。

最初の1秒間（すなわち千ミリ秒）のあいだ、細胞の電圧は4回振動しています。それに相当するように、チャネル蛋白質も振動しています。4回の拍動の後、細胞の電圧からチャネル蛋白質へのフィードバックを、細胞の電位を一定に保持することにより、断ち切ります。もし、一つかそこらのチャネル蛋白質の振動が細胞電圧を駆動していたのならば、チャネル蛋白質はそれ自身だけで振動を続けるはずです。しかし、そうではありません。チャネル蛋白質の振動は止まります。どちらの場合にも、活動の程度を示す線は一定になってしまいます。明らかに、細胞の電圧からチャネル蛋白質へのフィードバックは、リズム発生装置に統合されている一部分なのです。

図3に示してあるチャネル蛋白質のひとつ、混合イオンチャネルは電圧フィードバックが中断されるまではほとんど働いていないように見えます。中断されると、それはとても大きくなります。この

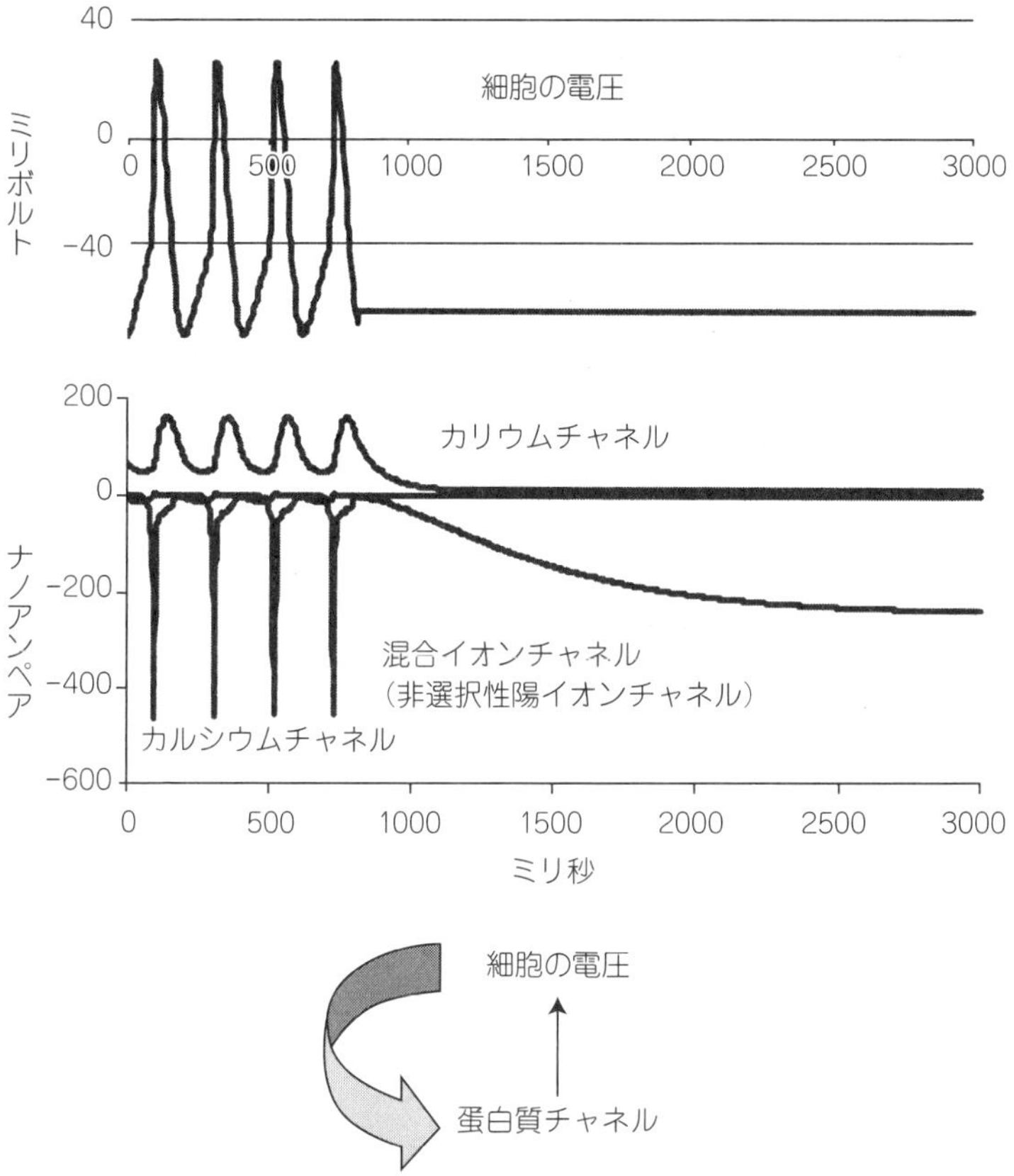

図 3　心臓のペースメーカーリズムのコンピュータモデル（Noble and Noble, 1984)。最初の 4 心拍のあいだは、モデルを正常に走らせており、現実の心臓によく似たリズムを生成しています。それから、細胞電位からチャネルへのフィードバックが中断されます。すると、すべてのチャネルの振動が止まります。チャネル電流はゆっくりと定常状態の値へ変化していきます。下の図は関係する因果ループを示しています。チャネル蛋白質は細胞電位を変化させる電流を運びます（**上向きの矢印**)、一方、細胞電位はチャネルを変化させます（**下向きの矢印**)。モデルでは、この下向きの矢印が破壊されました。

チャネル蛋白質に関しては、第8章で再び取り上げることにしましょう。

システムズバイオロジーは仮装した「生気説」ではない

還元主義者の科学はしばしば「ハード」サイエンス、「現実」の科学と言われ、一方、統合的、システムレベルの科学はときどき「あいまい」だ、とされます。この偏見の理由のひとつは、歴史的なものです。生物科学は、生命には何か非物質的なものが加えられなければならないと人びとが考えていた生気論の時代から抜け出るために、格闘しなければならなかったのです。

しかし、この章で私が議論してきた例には何も「あいまい」なところはありません。反対に、還元主義者のもっともハードな説明とまったく同じように、統合的生命科学は特異的な解を持つ数学方程式の形で表されるのです。

それは仮装した還元主義でもない

おそらくこれが、一部の人たちがシステムズバイオロジーは仮装した還元主義にすぎないと主張する理由です。シミュレーションが成功するためには、すべての分子コンポーネントの関連する特性を知っている必要がある、と彼らは言うでしょう。それはその通りです。それゆえ、再構成は「ボトムアップ」である、と続きます。彼らはさらに、これと完全な還元主義者の説明とで、何が本質的に違うのか？ と問いかけるでしょう。完全な還元主義者の説明というのは、たとえば、私の方程式にマーキュリーの守護者たちが見つけようとしたように、分子からなる振動子が発見され、それが細胞を駆動するというようなものです。本章の後で見るように、そのような生物学的振動子は存在しています。

答えは、このメカニズムには必ず高次レベルの特性、この場合は細胞電位ですが、それからのフィードバックがあり、それが下位レベルのメカニズム――それぞれのイオンチャネル――の活性を決定している、ということです。これが、生物学的現象の統合的説明が還元主義の説明と違うところです。下向きの因果関係があるのです。

うまく機能する還元が関与していることも確かです。この意味では、還元と統合は同じコインの裏表です。しかし、それゆえにシステムズバイオロジーが還元主義の説明であると主張することは、「還元主義」ということばを意味のないものにしてしまうでしょう。それでは、「科学的」ということは「還元主義」を意味する、なぜなら「還元主義」は「科学的」だからだと言っているにすぎません。また、因果関係が一方向にのみ働く完全な「ボトムアップ」と、反対向きに作用する因果関係も働く説明とを区別するために、さらに二つのことばをつくる必要があります。

生物科学において、還元主義者と現代の統合主義者とのあいだには、興味深い非対称性があります。統合主義者は、堅固なシステムレベルの解析を使いながら、成功している還元主義の力を否定する必要もないし、そうしたいとも望んでいません。実際、彼らは成功する統合の一部として、還元主義の力を使っています。対照的に、多くの還元主義者は、何らかの理由で、知的覇権を欲しているように見えます。

おそらく問題は、ある種の科学者にとって、還元主義は安全ネットとして機能していることです。それは、あまりに多くの質問をする、根本的不確定性の深淵を見つめる必要を回避させてくれます。もし、私たちが還元主義者のアプローチの普遍性を放棄したら、何が起こるか誰にわかるでしょうか？ 確実に、生物科学の特性は変化するでしょう。しかし、そうであるべきでしょう！

あまりに長いあいだ、この変化が遅滞しています。因果関係と説明が常に下位から上位レベルへ、上向きへと進んでいくわけではない、という現実を取り上げる必要があります。因果関係が反対方向に働きうるということを示す多くの劇的な例を、私たちは持っています。システム効果は、もっとも下位レベルのプロセスである遺伝子発現でさえ制御することができます（第4章）。したがって、すべてのレベルにおいて、還元主義者の説明を補足する統合主義者の説明が必要であるとの認識なしに前進して行けると、誰が想像できるでしょうか？

心臓リズムと不整脈は、これらの考えに対するすばらしいテストケースです。私たちは正常のリズム発生装置メカニズムが細胞レベルで統合されていることを見てきました。加えて、異常なリズム生成装置が細胞レベルより下位あるいは上位にあります。もし、生物科学が人間の健康管理の持続的改善を約束するのなら、ここにも統合主義的展望を適用しなければなりません。

致死性の異常リズムについて考えてみましょう。頻脈（とても速い拍動）と細動（心臓をある種のふるえの状態にする非同調性の拍動）です。多細胞レベルでのこれらの病的状態に対応する同様に著しい現象が、細胞内現象でも見られます。起こっていることは、カルシウムシグナル系が振動パターンに陥ってしまうことです。ここで何が起こっているかを理解するためにはどうすればよいでしょうか？　明らかに、心臓という器官全体の電気活動をシミュレートすることが必要です。ここに関与するチャネル蛋白質のメカニズムの詳細な知識が必要であることは、その通りです。しかし、そうだからと言って、そのすべてのメカニズムが分子のものであるということはできません。それは、きわめて重要な違い、生か死かの違いを意味する違いをぼやけさせてしまうでしょう。

細動は致死的です。私たちは、遺伝子と蛋白質だけを研究してもそれを理解することはできません。細胞だけを研究しても、それを理解することはできません。この現象は、器官全体のレベルで多くの細胞が相互作用するしかたという点からのみ、説明できるのです。

精密なきっちりと分離された分子の研究をすることが好ましいと思う人もいるでしょう。これは何も間違ったことではありません。しかし、だからといって、生物科学のそれ以外のレベルに時間と資金を投資するのには何の意味もない、というご都合主義の観念論に同意するようなことはしないでおきましょう。

心臓のペースメーカーリズムの解析を表現の都合上、単純化して説明したことを述べて、このセクションを終わりたいと思います。特にリズムの微妙な調整やその安定性（ロバストネス）を保証するためには、ペースメーカーリズムに関与している他の多くのプロセスがあります。安定性の問題については、第8章でもう一度触れます。

そのほかの自然のリズム

心臓リズムはもっとも明らかな生物の振動子です。私たちは脈のリズムを感じますし、医師はそれを診断に使います。それは驚くほど一定です。ガリレオが振り子の長さがその振動数を決定することを発見したときに、彼は観察の時間を測るために自分の脈を使いました。「ビート」という単語を心臓のリズムと音楽のリズムの両方に使うのは、単なる偶然ではありません。初期の音楽家は、心拍動のだいたい１ヘルツという周波数を使って彼らのリズムをとっていたと思われます。それから、彼らはそれを短い成分に分けてもっと高い周波数のリズムを得、そしていくつかの「ビート」を数えて遅い周波数を得ました。

しかし、自然界には他のリズムのメカニズムも満ちています。１秒間に１０００回を超えるものから、何年かごとに１回というようなものまで、驚くほどの広い範囲の周波数にわたっています。そういうわけで、多くの神経細胞は心臓よりずっと高い周波数のリズムを持つインパルスを発生します。神経インパルスは１ミリ秒くらいの持続なので、この場合の最高の周波数は１秒に１０００回近くになります。また、心臓より高い周波数ということでは、飛んでいる昆虫の羽根は１秒間に２００回くらい振動します。

呼吸のリズムは、次のレベルの、心臓より少し遅い周波数としてもっとも顕著なもので、数秒間に１回です。次には空腹と渇きのリズムがあり、１日に何回かという頻度です。それから、だいたい24

時間のサイクルで起こる生物活動（睡眠と覚醒のような）を決めている概日リズム、月の動きを基盤とするヒトの月経のようなリズム、動物の移動などを決めている年ごとのリズムなどがあります。さらには、何年にもわたるリズムもあり、これは繁殖やある動物種では10年以上の周期となる社会的行動などを決定しています。たとえば、セミは17年もの長い期間を持つリズムに従っていることが知られています。

したがって、生物学的リズムの振動の周期というのは、１秒の１０００分の１から20年くらいまで変化があり、約10兆倍という範囲があります。

これらのすべてと心臓リズムとでは、どのくらい特性が似ているでしょうか？　自然の生物学的振動には基本的なパターンというものがあるのでしょうか、それとも、それぞれについて明らかにしないといけないのでしょうか？　答えは、それらはほとんど全部が異なっている、ということです。リズムをつくるために、遅延ネガティブフィードバックループが必要であるという以外は、それらは、分子から器官全体、システム全体に至るまでの、ほとんどすべてのレベルの生物学的統合を代表しています。高い周波数のところでは、神経のリズムは、イオンチャネルを形成するいくつもの蛋白質を使っており、それらの動態（キネティクス）は細胞の電位によって決められます。このように、リズムが細胞レベルで統合されているという特徴を心臓のペースメーカーと共有しています。

呼吸のリズムは、フィードバックシステムを形成するように組織化された末梢性および中枢性の多くの神経細胞の協同が必要であるという点で、心臓不整脈という高次の形式に似ています。したがって、概日、概月、概年、多年といったもっとゆっくりとしたリズムは、細胞より高いレベルでの統合であろうと想像するのは自然なことでしょう。

ある意味では、それは正しいのです。非常に多くの細胞が関与しています。神経科学者がいう視交叉上核（suprachiasmatic nuclei, SCN）は概日リズムに必要なほ乳類の脳の中の細胞のかたまりです。それは、だいたい20万の細胞からできていて、これは心臓のペースメーカー領域の細胞の数とほぼ同じです。その生物体の神経、ホルモン、そして細胞、といったいろいろな場所のあいだでの種々のフィードバックループも関与しています。

それでも、これまでの20年～30年間に、驚くべき解明がなされてきました。すばらしい成果によって、SCNの細胞の中で起こっている根本的なメカニズムが分子レベルのものであるということが、示されています。概日リズムに関与するフィードバックループが遺伝子発現レベルで起こっており、特定の蛋白質と遺伝子のコンポーネントで成り立つフィードバックループによって生成されている、ということがわかってきました。SCNの中から単離された一個の細胞でさえ、遺伝子発現においてこれらの概日リズムを示すことができます。

「分子」時計を持った1個の細胞です！　おそらく、少なくとも、主要な生物学的現象に対しての完全な還元主義者の説明の例と言えるでしょう。最初は一見、その通りのように思えます。

一つの遺伝子（いまでは *period*（周期）遺伝子と呼ばれています）内の変異が、ショウジョウバエの概日リズムの周期を変化させることができます（Konopka and Benzer, 1971）。この最初の「時計遺伝子」の発見は画期的なものでした。なぜなら、高次レベルの生物リズムでこのような鍵となる制御の役割をたった一つの遺伝子が果たしていることが示された最初の例だからです。これは、この本の全体的なテーマである、高次レベルの機能を生成するためには、遺伝子は常に協同して働かなければならない、ということを論駁するものでしょうか？　この質問に対して、二つの答え方があります。

第一は、制御のメカニズムはしばしば複雑であるというものです。したがって、もし、一つのカギとなるコンポーネントが障害を受けると、おそらくは、予想できないような道筋で、全体のメカニズムが機能異常を起こすことになりやすいでしょう。結局は、ほとんどの変異はある種の傷害なのです。したがって、一つのコンポーネントがなくなったり、異常になってシステム全体の稼働が停止したとき、これをどう解釈するかには慎重でないといけません。子供がおもちゃをいじくりまわして止まってしまったとき、その子供がおもちゃを壊してしまったとは限りません。このシナリオの大人バージョンは少し違っています。特別何かしなくても、テレビは自然におかしくなります。すると、その電子回路の箱を揺すって元に戻るかどうか試します！　それがうまく行ったときには、どこか一箇所接触不良だったんだろうということになります。

生物学においては、遺伝子変異やノックアウト実験はそのようなものです。その結果を解釈するのは難しいのです。ショウジョウバエの *period* 遺伝子の場合は違うと言うでしょう。この遺伝子の発現レベルは、明らかにリズム発生装置の一部です。遺伝子発現レベルは（概日周期で）その遺伝子がコードしている蛋白質の変化に先んじて変化します。

しかし、ここではそれ以上のことが進んでいます。その蛋白質はそれをコードしている遺伝子とともにネガティブフィードバックに関与しています（Hardin et al., 1990）。考えは非常に単純です。さらに多くの蛋白質をつくりだすように *period* 遺伝子が読まれるので、その蛋白質が細胞の中に蓄積されてゆきます。それから、その蛋白質は核の中に拡散してゆき、そこで遺伝子配列のプロモーター領域に結合することによって、それ自身をさらに産生することを阻害します。時間が経つと、その蛋白質の産生は落ちきってしまい、阻害がなくなり、それで全体のサイクルが再び開始されます。したがって、概日リズムを生成する生物学的時計の働きを制御できるたった一つの遺伝子があるばかりでなく、その遺伝子はリズム産生装置をつくるフィードバックループにおけるカギの要素でもあるのです。

私たちはこのような因果関係のループをフィードバックループと呼びます。なぜなら、それらは自己完結型の制御プロセスをかたちづくっているからです。生物学的システムにおいては、ほとんどの場合、下向きと上向きの因果関係が結びついているフィードバックが関与しています。その結びつきはフィードバックの明らかな特徴です。下向きの因果関係が上向きの因果関係にかかわる要素を修正し、今度はこれが下向きの因果関係にかかわる要素を修正し……という連鎖が続くのです。このようなループの数学的モデルは簡単につくれますし、安定しており、説明的です。

第二のこの質問に答える方法はもっと微妙です。この場合の基本的なリズム発生装置は、一つの遺伝子とそれがコードしている蛋白質に依存しているように思われます。しかし、その遺伝子が単独でその役割を担っているのでしょうか？　それは、「一つの遺伝子のモジュール」なのでしょうか？　その答えははっきりと「ノー」です。その後の研究者たちが、概日リズムに関与している分子のフィードバックを明らかにしています。もっと多くの遺伝子と蛋白質のコンポーネントが関与していることがわかってきています。

これは、マウスのような他の動物での概日リズムのメカニズムの研究から明らかになってきました。

さらには、これらのリズムのメカニズムは単独では働きません。光を感受する受容体（眼を含む）と何らかの関係があることもわかってきました。それによってはじめて、そのメカニズムは、自由に放置された場合の23時間や25時間という周期ではなく、正しく24時間の周期に固定されるのです。それゆえ、フォスターとクライツマンが次のように書いているのです。「私たちがクロックとして見ているものは、システムにあらわれる特性と言ってよく、すべての遺伝学的道具立ては単なる微妙な調整の一部であると思える」（Foster and Kreitzman, 2004）。

　そうです。特定の遺伝子が、それ自身がコードしている蛋白質からのネガティブフィードバックによって制御されうるというのは、とても印象的です。それでも、これは「一つの遺伝子の機能」の例ではないのです。しかし、ここにはもっと重要な点があります。この *period* 遺伝子とそれがコードする蛋白質のあいだの最初の単純なフィードバックが必要とされるすべてである、と仮定しましょう。それでも、それは「単独遺伝子の機能」とは未だ認められません。その理由はこの本のメッセージにとって大変重要なので、もう一度繰り返させてください。

　第一に、*period* 遺伝子によってコードされている蛋白質はすべての分子要素と同じで、完全な細胞という条件の中で働きます。その産生は、転写と翻訳というメカニズムとリボソームのメカニズムに依存しています。*period* 遺伝子がそのプロモーター領域へ作用することができるのは、核膜の特性に依存しています。

　細胞という環境の外では決して働かないのは遺伝子ばかりではなく、蛋白質も同じです。確かに、*period*-蛋白質システムを「単離」することは、概念的には便利です。それは実際、分子レベルの振動子としてのその特異な特徴を評価するのに役立ちます。しかし、これは人工的な概念化です。現実の生きているシステムは、多くの他の遺伝子と蛋白質が機能しているという条件の中でのみ作動するのです。

第二に、なぜ私たちはこれを*period*遺伝子と呼ぶのでしょう？　なぜなら、その遺伝子が、それとフィードバックしあって周期的な機能を生み出す蛋白質をコードしているからです。確かに、これはこの遺伝子に同定された第一の機能です。しかし、それがどのような他の機能に関与しているかは、わからないのです。

もう一度、フォスターとクライツマンが言わねばならなかったことに耳を傾けてみましょう。「私たちが時計遺伝子と呼んでいるものがそのシステムの中で重要な機能を担っているかもしれないとしても、その遺伝子は他のシステムにも関与しているかもしれない。すべての要素とそれらの相互作用の完全な構図が得られなければ、リズムを生み出す発生装置がどの部分で、入力がどの部分で、出力がどの部分かということを言うことは不可能である。一言でいえば、それはそんなに単純ではないのである！」（Foster and Kreizman, 2004: 120）。

その通りです。*period*遺伝子は、成虫のハエが数日で形成されるあいだの発達にも関与していることが見いだされました。そして、その遺伝子は羽根を振動させてつくられるオスの求愛の歌をコードするのにも深くかかわっています。その求愛の歌は、約５０００種類のショウジョウバエのそれぞれに特異的で、同じ種との求愛行動を保証しています。

ショウジョウバエ、求愛の叙情詩人！　生命の音楽には、このような大きな驚きがあります。

したがって、*period* 遺伝子は子供がいろいろな形をつくるレゴの、とても有用なブロックのひとつのようなものです。これは、遺伝子オントロジーの重大な問題のひとつであり、遺伝子の比較的中立な名づけが好まれる理由のひとつです。ナトリウム－カルシウム交換メカニズムを *ncx* とラベルするのはよい例です。このラベルは、ナトリウムとカルシウムイオンを交換するという蛋白質レベルの機能以上のことを意味していません（Na-Ca-exchange → ncx）。それは、この交換メカニズムがたとえば心臓リズムとか視覚とかで働いていると言おうとはしていません。このような謙虚さは決して不適当ではないのです。それとは違って、ある遺伝子をそう、「時計遺伝子」とラベルすることを選んだときには、その遺伝子が他に何をするのかということに対して、私たちを盲目にしてしまうかもしれません。

第1章と第2章で紹介した *Dscam* 遺伝子を覚えているでしょうか？　そのとき、私はその名前を説明するのを忘れました。しかし、いまはそれをするのにちょうどよい時でしょう。それは、ダウン症候群の細胞接着分子（Down's syndrome Cell Adhesion Molecule）と呼ばれる蛋白質をコードする遺伝子です。名前から明らかなことは、これは最初に、遺伝的な精神の発達遅滞を起こす、生まれながらの欠陥であるダウン症候群において重要であるという解釈が与えられたということです。いまは、その遺伝子は昆虫の免疫システムに広範に関与している、と考えられています。

遺伝子の再利用、異なる種のあいだでの機能性の変化といったこの種の問題は、第8章で進化の役割と自然のモジュール性を考えるときに、再び扱うことにしましょう。

第6章 オーケストラ —— 身体の種々の臓器とシステム

私は失敗するであろう一つのアプローチを知っている。遺伝子から始め、それらから蛋白質をつくり、そしてボトムアップでつくりあげようとする。

シドニー・ブレンナー、２００１年

ノバルティス財団における討論

この章も個人的な話から始めたいと思います。

ノバルティス財団は個性的な組織です。イギリスに本部をおいていますが、もともとはバーゼルのチバ製薬によって設立されました。チバはチバ - ガイギーとなり、それからサンドスと合併して、薬品会社の巨人ノバルティスとなりました。この財団は生物学的な主題に関する討論会をオーガナイズしています。限られた人びとだけが招待されます。討論の記録が文字に起こされ、全体が出版されます。その冊子を読めば、あなたはあたかも生の討論を聞いているように感じるでしょう。

私は名誉なことに、生物科学の特性に関するとても生産的だった三つのノバルティス討論会に参加しました（Novartis_Foundation, 1998; Novartis_Foundation, 2001; Novartis_Foundation, 2002）。この本の考えのいくつかは、これらの討論の中で鍛えられたものです。そして、私は仲間である参加者から自由に彼らの考えを借りることができたのです。そのひとりにシドニー・ブレンナーがいます。シドニーは英国のもっとも優れた分子遺伝学者のひとりであり、２００２年に受賞したノーベル賞にふさわしい人です。彼は、私とはまったく違うレベルで研究しています。それは、生物学における異なるレベルの関連づけに対する彼の慧眼を、とても楽しいものにしています。

最初の会合のとき、私は他の参加者とあるゲームをしました。私は心臓リズムに関する私の仕事（第５章）を紹介し、これがどのような種類の仕事であるか言ってくださいと彼らに挑戦しました。とりわけ、それは還元主義的か、統合主義的か、を問いかけました。答えは、おおよそ50－50に分かれました！　二番目の会合では、私は少し手助けをしようとして、私の見方では、なぜこれが統合的システムズバイオロジーの例となるのかを説明しました。

この結果の何が興味深いのかがわかるためには、このような議論でよく行われる方法があることを理解しなければなりません。それは、複雑な生物学的プロセスをシミュレートし理解するための二つの正反対の道を対置することです。ひとつはボトムアップアプローチです。すでに見たように、このアプローチでは、遺伝子から開始し、蛋白質配列と構造を再構築し、それから蛋白質の機能へと進んでゆきます。さらには、その蛋白質が形成する生化学的パスウェイに進みます。再構築のプロセスはすべての生物学的レベル（図４）を通して上へと続き、最終的には臓器やシステム、そして望むらく

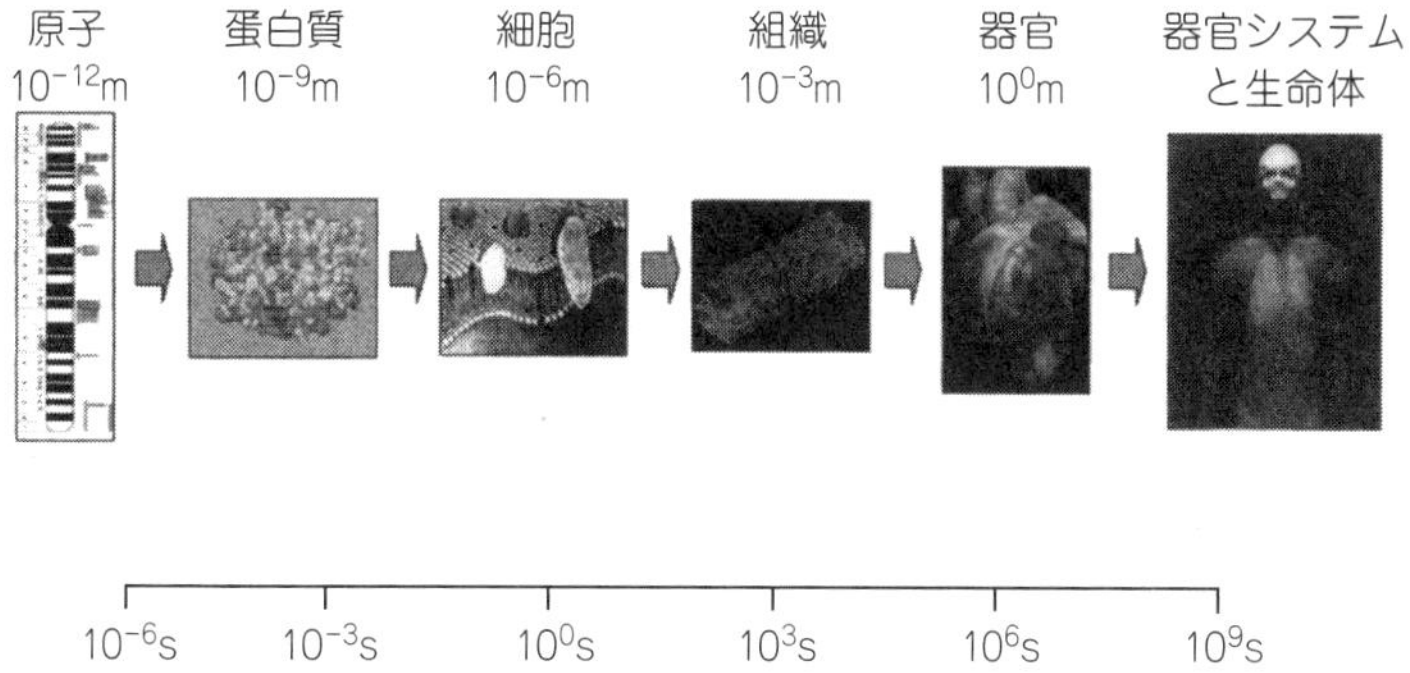

図 4　人体を構成する組織の種々のレベルでの、大きさと時間のスケール。原子と生物体のあいだでは、主な構造の大きさでは10^{12}の範囲があり（1兆分の1メートルからおよそ1メートルまで）、主な出来事の時間のスケールでは10^{15}の広がりがあります（ミリ秒から何十年まで）。(Hunter et al., 2002. 許可を得て掲載）

は生物体全体にまで到達しようというものです。

それに代わるのは、一般的にトップダウンアプローチと言われているものです（これまでこの本の中で使ってきたのとは少し違う意味で、この用語を用いています）。これは、古典的な生理学のアプローチです。それはシステムの全体としてのふるまいから始まります。循環システム、呼吸、免疫、神経、そして生殖器などのシステムの解析を行います。それから、徐々にそれぞれのシステムの諸要素を同定し、探究してゆき、その背後にある機能とメカニズムを明らかにしてゆきます。

第一のアプローチは深刻な問題を持っています。二番目もその問題を完全には回避できていません。

ボトムアップの問題

ボトムアップアプローチには、二つの致命的な問題があります。第一は、計算可能性です。

蛋白質の畳み込みの問題を考えてみましょう。ある蛋白質があるしかたで機能するということは、その三次元構造が決定しています。その三次元構造は、蛋白質がどのように折り畳まれているかを反映しています。問題は、ある一つの蛋白質を折り畳むのに関与する化学的プロセスを再現することです。これは、大した問題ではないように見えるかもしれません。たった一つの蛋白質です。たった何回かの折り畳みです。しかし、この課題を世界で一番パワーのあるコンピュータに与えたとしましょう。ブルージーンと呼ばれるマンモスです。ＩＢＭが1億ドルをかけて製造しました。このブルージーンがそのすべての計算パワーをこの課題を解くために使うとしましょう。どのくらいの時間がかかるでしょう？　おそらく何ヶ月もかかります。

いま話している分子とは、だいたい1ナノメートル、10億分の1メートル、くらいの大きさです。関与している化学的プロセスは１００万分の1秒くらいで完了します。細胞の場合は、大きさは数十マイクロメーター（１００万分の数メートル）くらいです。

一つの細胞の活動を分子から再現するというとんでもない目的のためには、だいたい10^{12}という数の分子の相互作用をシミュレートする必要があるでしょう。そして、そのシミュレーションを何秒も、何分、何時間、何日、あるいは何年にもわたって続ける必要があります。時間のスケールの広がりは10^{15}にわたっています。このことには、想像できないほどの大きなコンピュータ資源が必要となります。だいたい10^{27}台のブルージーンです。単純に、全太陽系にも、こんな怪物をつくる資源はないでしょう。にもかかわらず、これは問題のごく始まりでしかないのです。プロジェクトは、組織、臓器、そして体のシステムを再現するということなのです。覚えていますよね。体のもっとも小さな臓器でさえ、数百万の細胞からできているのです。

すぐにおわかりになると思います。これ以上労力を費やす必要はありません。このアプローチは、最初のハードルで失敗です。それは、信じられないくらい、非現実的です。

こう言う人もいるかもしれません。「関係ないでしょう。原理は正しいんです。ヒトは結局、分子の集まりにすぎないのです[1]。ですから、原理的に、このような完全なボトムアップの再現を**想像する**ことはできるはずです。たとえ、私たち、そして子孫の誰も、これを可能とするコンピュータ資源を持つことは決してないにしても。」

このことは、ボトムアップアプローチの第二の致命的な問題につながります。まず、この主張の想像を受け入れることにしてみましょう。そのことによって何ができるのでしょう？ それによって、生きている生命体においても、無機物の領域と同じように、私たちの基本的な分子プロセスの理解は正しい、そして、そのレベルにおいては他のプロセスは必要とされない、と示せるかもしれません。それがボトムアップアプローチが達成しうる最大限のことで、これまで見てきたように、この手の説明の常として、生物学のシステムレベルの説明がないのです。システムレベルの説明は、分子レベルには存在しません。

それでは、どのような条件下で、このような発見が意味あるのでしょうか？ 生命システムにおい

---

1 「あなた、あなたの喜びやあなたの悲しみ、あなたの記憶やあなたの望み、あなたの個人的固有性の感覚や自由意志、そういったものは実際、神経細胞の巨大なアセンブリ、そして関与する分子の動作以上の何ものでもない。」（Crick, 1994)

て、物理と化学の法則が分子の現象を制御していると、誰が信じないでしょうか？　私たちが確信を持たせないといけない生気説の人が、どこにいるでしょうか？　現代の生物学者たちの中で、そのような人はひとりもいません。おそらく、ある種の生気説の名残が、20世紀の初頭から中頃のシェリントンやエックルスのような神経科学者の世代にはありました。彼らは、脳を心身二元論的に理解するのを好みました。この考え方については、第9章で扱いたいと思います。

しかし、システムズバイオロジーと還元主義生物学とのあいだの論争は、この生気説あるいは心身二元論についての論争とはまったく関係ありません。第5章で述べたように、統合的システムズバイオロジーは還元主義の分子生物学と同じくらいハードで定量的なものです。唯一の違いは、システムズバイオロジーが高次から低次レベルへの因果関係を、上向きのものと同じように認めている、という点だけです。

分子のプロセスがすべて分子のレベルで起こっていると強調する必要はありません（それは当然なのですから）。しかし、本書のテーマを再確認するために繰り返すと、このことは何も、私たちが分子のかたまりでしかない、という意味ではありません。高次レベルの構造とプロセスは、分子レベルでは見えてきません。生体内の遺伝子や蛋白質が、高次レベル機能において何をしているのかということを、何らかの方法で「認識」している、あるいは「明らかに」していることはありません。それらがそのようにしていると考えるのはとても奇妙なことです。それは生気説に等しい迷信であると言ってもよいでしょう。

生気説はもはや生物学者のあいだでは支持を得てはいませんが、社会の中では未だに確実に生き続けています。生気説的な見方をしている読者がおられるなら、生命を構成成分の集合としてではなく全体として見ることによって探し求めようとしているものが、システムズバイオロジーによるアプローチによって得られるだろうことを納得していただけたらと思います。生命はそれ自身で充分にすばらしいのです。そのことを賞賛するために、生命に神秘性を与える必要はまったくないのです。

トップダウンの問題

トップダウンアプローチは、長年にわたり生理学における方法として成功をおさめてきました。循環についての私たちの理解を例にとってみましょう。医療において使われているその知識のほとんどは、システムレベルのアプローチに由来しています。このアプローチは、その構成要素を同定し、この要素を研究し、というように、次々と下位レベルへと降りていきます。このように、生理学は下位レベルへ下位レベルへと「掘り下げる」ことで成功してきました。実際、分子生物学自身が、この進展の限界点を示しているのです。

血液中の酸素輸送について考えてみましょう。これはまず赤血球に依存していることがわかりましたが、さらに赤血球の中にあるヘモグロビンという分子に依存していることがわかりました。最終的には、酸素とヘモグロビンの相互作用に関与する分子生物学が解明されました。このプロセスは、幾度も繰り返し使われてきました。これが、20世紀における還元主義生物学の偉大な成功物語の基本です。

それでは、このアプローチの問題点は何なのでしょうか？　もっとも小さな構成成分、すなわち分子のレベルまで探究しつくしてきましたが、もしシステムレベルにおいてそれを理解しようとするならば、すべてを**定量的に**再び積み上げていかないといけない、ということです。これはつまり、「ボトムアップ」による再構成の困難に直面するということで、これが問題です。構成要素を理解することは必要ですが、システムレベルの理解には、それだけでは充分ではありません。還元主義的解析は話の半分でしかありません。

ミドルアウト！

いままでは、定量的計算生理学という分野があります。さまざまな多くの困難にもかかわらず、この分野では、多くの異なるレベルにおいていろいろな臓器やシステムを再構成することに成功しています。この章のあとの方で、「バーチャル心臓（仮想心臓）」についてお話ししたいと思っています。第5章で述べたような細胞のコンピュータモデルと、臓器全体の印象的なほど詳細な解剖学的機械的モデルとを結合することで、「仮想心臓」は再構築されました。

ノバルティス討論において私は、この「仮想心臓」を示しながら、我々が行ってきたことの本質を把握しようとしていました。私は、蛋白質であるチャネル、細胞、そして臓器全体（心臓）という三つの主要な生物学的レベル（階層）を統合することに、部分的ではあれ成功したことの理由を説明したかったのです。

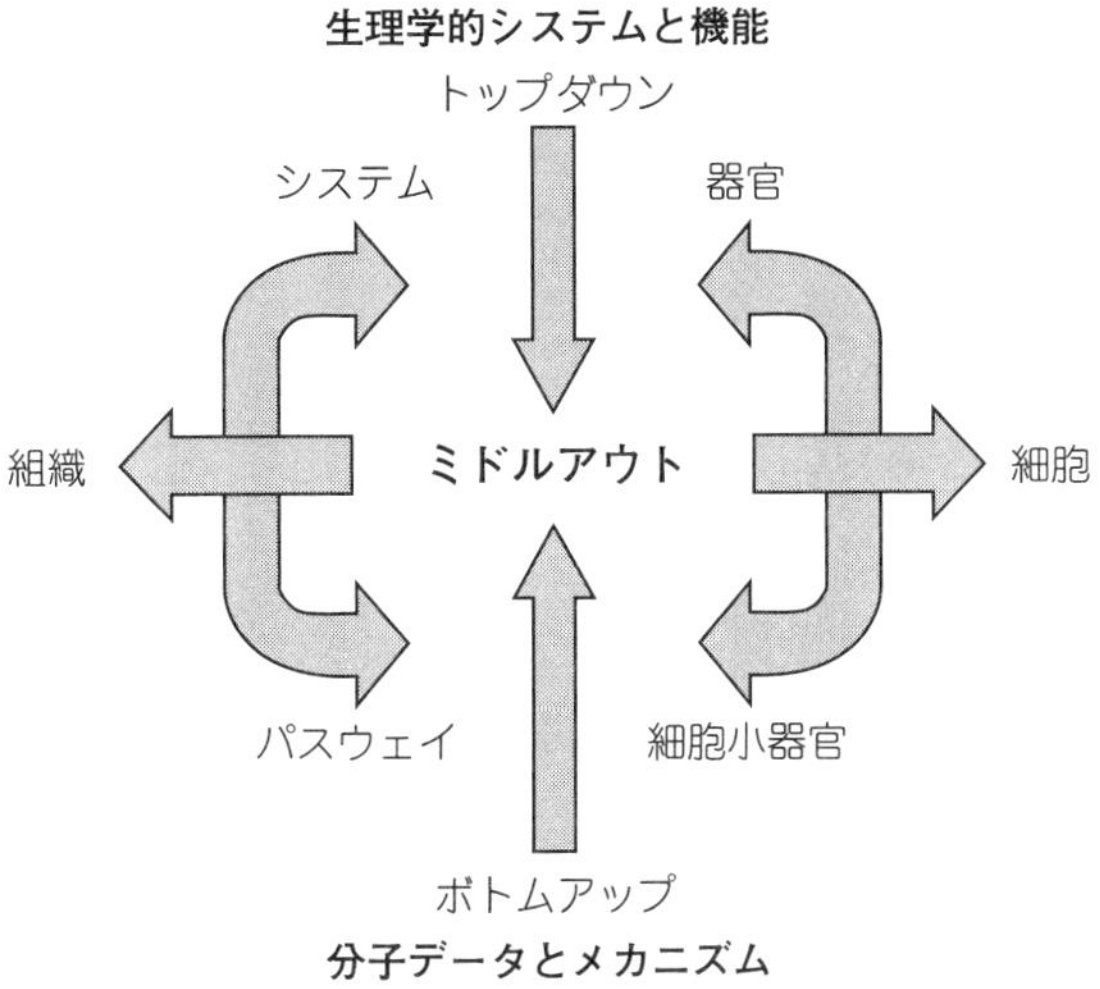

図5　種々の臓器と体のシステムを再現するための、ボトムアップ、トップダウン、そしてミドルアウト・アプローチの関係。この図では、中間のレベルが細胞、あるいは組織であるようにしてありますが、どの生物学的レベルも中間開始点になりえます。考え方の本質は、すべてのレベルが因果連鎖の開始点になれるので、どれでも成功するシミュレーションの開始点となりうるということです。他を「支配する」特別なレベルというものは、生物学的システムにはありません。（Noble, 2002 から、許可を得て掲載）

このとき、シドニー・ブレンナーが「ミドルアウトだ！」とシンプルに述べました。「デニス、きみが行っていることは、ボトムアップでもトップダウンでもない。それは、ミドルアウトだよ！」

これがシドニー・ブレンナーなのです。ある時は、居眠りしていて討論をまったく聞いていないように見えますが、次の瞬間、論理の短剣が議論の霧を切り裂くのです。彼は何を意味したのでしょう？　その概念は単純で、実際的です（図5）。生物学的機能はいくつもの異なるレベル（階層）で起こります。私たちはどのレベルにおいても定量的データを集めることができます。いったんあるシミュレーションを行うのに充分な定量的データを集めることができれば、そのレベルでのシステム解析を開始することができます。

すべてのレベルが因果関係の連鎖の開始点になることができます。したがって、どのレベルも成功するシミュレーションの開始点となることができます。多くのレベルにおける相互作用のネットワークでは、実際、他に方法がありません。解析はどこからか開始しないといけません。しかし、どこからかは現実的には問題とはなりません。それは、遺伝子―蛋白質ネットワークのレベルであるかもしれないし、あるいは細胞機能、あるいは臓器構造というレベルであるかもしれません。これが、ブレンナーが比喩的に言う「ミドル」ということです。多くの「ミドル」がありえます。ブレンナーのミドルは私のものとは違うかもしれません。私は細胞から開始しますし、彼は遺伝子から開始します。それは問題ではありません。システムズバイオロジーの世界では、私たちは結局どこかで出会うことになります。

選んだレベルで充分な理解と成功が得られた段階で、他のレベルへと出てゆく（リーチアウトする）ことになります。これがこの比喩の「アウト」の部分です。理想的には、私たちは最終的には遺伝子のレベルへ下がっていくとともに、生物体のレベルへ上がっていきます。ゲノムを生理学的機能という観点からかなりの程度解釈することができるようになること、これが私たちが行うことです。いくつものレベルを結びつけることは、システムズバイオロジーの一部なのです。

それでも、批判的な読者は次のように抗議するかもしれません。「これはいったいボトムを最初の開始点とすることとどう違うというのですか？　ある種のペテンじゃないですか！　きっとこのアプローチは最終的に、おそらくすぐに、同じ致命的問題にぶつかることになるでしょう。」いいえ、そうはなりません。

理由は、このようにして、私たちは関心を持っているものを選択することができるからです。下位のレベルへ下がってゆくときには、高次のレベルでの解析結果をたよりに、下位のレベルのメカニズムの意義のある特性だけを見つけ出し、残りを無視することができます。下位のレベルを高次のレベルのフィルターを通して見ることができます。そうすることによって、私たちは膨大な量のデータの中から、何が重要かということを見極めることができます。それによって、あるレベルの解析から他のレベルへ持っていかないなければならない情報の量を、大いに減らすことができるのです。

私の領域である心臓生理学から一つ例をあげてみましょう。遺伝子変異を持っている人は、その遺伝子がコードする蛋白質のある部分の電気的電荷が変化しています。これによって、蛋白質の機能が変わります。いまでは、これらの変化の何が重要なのかということを同定することが可能です。すなわち、私たちの解析結果を全臓器のレベルへと進めていくことができます。このようにして、これらの遺伝子変異がどのようにして突然の心臓死を起こしうるのか、ということを理解することができます。

私たちはシステムのレベルでの現象である心停止から出発しているので、これを行うことができるのです。そのこと、心停止が、私たちが説明しないといけないことです。その条件が、下位のレベルで何が起こっているのかについての私たちの研究の道案内となります。もし、私たちが「遺伝子の視点からの見方」に自らを限定したとすると、匹敵する結果を得ることは決してできないでしょう。すなわち、遺伝子の視点からは、その遺伝子がコードする蛋白質の電荷が変化するということは推論できても、それが致命的な心臓停止を起こすのに充分なのかどうかを決定することは決してできないでしょう。これは、高次のレベルでの出来事に依存することなのです。

ミドルアウトアプローチがより高次のレベルへの発展に使われるときには、理解とコンピュータ計算についての同様の理屈が適用されます。より下位のレベルでの詳細のすべてを取り入れる必要はありません。そうではなくて、より高次のレベルにおいて機能的に重要である特徴を同定することになります。

物理的な科学においては、長年にわたってこのアプローチを使ってきた分野があります。それは工学と呼ばれています。工学技術者も、彼が取り組んでいる問題に従って必要とするレベルとシミュレーションの詳細を選択します。たとえば、橋をモデル化し建設するためには、すべての分子について理解する必要はありません。

工学技術者はまたモジュール化の原理を使用します。ノートパソコンの中にある最新のインテル社製プロセッサーには、2億にものぼるトランジスタが使われています。誰がそれらのすべてがどのように働いているか理解できるでしょうか？　誰もできません！　誰もそうする必要もありません。それぞれのモジュールをつくる人たちが何をしているのかを、そして彼らがつくっているものがネットワーク全体の中にどのように組み入れられるのかを理解していれば、それで充分なのです。これは、発達過程において生物体が組み立てられてゆく方法に対しての決して悪くない比喩です。個々の部分は、全体のシステムについての知識なしに、なすべきことを行っています（Coen, 1999)。

身体の種々の臓器

生命のオーケストラが巨大であることは、明白です。どのくらい大きいのでしょうか？　どのくらいのセクションを、それは持っているのでしょうか？

体にはおよそ２００の区別できる型の細胞があります。これらを個々の音楽家と見なすことができるでしょう。細胞は、いくつかの臓器とシステムに組織化されています。臓器には、脳、心臓、肝臓、腎臓、膵臓、胃、肺、生殖器、そして、種々の内分泌腺があります。これらの臓器はさらにいくつかのシステムに組織化されています。たとえば、神経系、筋－骨格系、循環系、呼吸系、内分泌系、免疫系、生殖系などです。

したがって、フルスケールの音楽のオーケストラが弦楽器、木管楽器、金管楽器、鍵盤楽器、合唱隊、リズムセクションなどでできているように、この生命のオーケストラは約12のセクション（臓器）からできており、5つあるいは6つのシステムに組織化されています。それは、充分に大きく、ベートーベンの第九に相当する生命のいとなみ、すなわち歌いおどる人間を、演奏することができます。

生理学の目的は、それがどのように働くのかを理解することです。私たちはそれをうまく行っているでしょうか？　私自身ひとりの生理学者として、偏見があることは明らかです。しかし、多くのレベルにおいて、その仕事はとてもよくなされてきたと言ってよいでしょう。私たちはすべての臓器とシステムの機能を知っていますし、それらがどのように相互作用しているかも知っています。これは、今日の医療に使われている基礎科学です。
いくつかのレベル、特に分子と細胞のレベルでは、どのように筋肉が収縮するのか、どのように神経が情報を伝達するのか、あるいは、どのように膵臓がインスリンを分泌するのか、といったカギとなるプロセスについて、いまではとてもよく定量的な理解がなされています。これらのプロセスのいくつかは、驚くほど詳細に、細部まで理解されています。あるノバルティス財団ミーティングにおいて、ハイデルベルクから来たK・C・ホルムズが筋肉収縮での分子メカニズムについて述べたあと、チェアマンであるルイス・ウォルパートが質問しました。「あなたはさらにどれだけお知りになりたいのですか？　私には、あなたはすでに問題を解いてしまったように思えますが」（Novartis_Foundation, 1998）。

ホルムズは、私たちの知識のどこに欠陥があるのかを急いで指摘しました。しかし、ウォルパートの反応の基本は納得できるものでした。分子レベルにおいて、そして生理学研究における他のいくつかの領域においても、詳細がすばらしく明確になっています。第5章で紹介した心臓のペースメーカーのモデルのチャネル蛋白質を考えてみましょう。いまでは、このような蛋白質で何が起こっているのかが非常に詳しく理解できています。それらの蛋白質を通る電流を運ぶ原子がその蛋白質のどこに分布しているかを、正確に指し示すことができます。

これは、生理学がとっているある種のトップダウンアプローチによって得られることなのです。筋肉収縮についての私たちの理解は、身体における筋肉についての解剖学的同定から始まりました。それから、筋肉は、神経がそれに液体を注入したり除いたりしたりすることで働いているわけではなく、神経が化学物質を分泌して筋肉を電気的に興奮させることで働いていることを示すことができました。この電気的興奮が筋肉細胞内のカルシウムシグナルの生成を刺激します。カルシウムシグナルはある蛋白質を活性化します。それらは収縮蛋白質と呼ばれていますが、ある種の分子レベルのラチェット（歯止め）メカニズムを使ってお互いに滑り合います。私たちは、このラチェットメカニズムの非常な詳細を理解しています。これらの詳細についてのホルムズによるノバルティス財団ミーティングでの報告に、ウォルパートと私はとても印象づけられたのです。

これは、過去数十年間にわたる還元主義生物学の成功のベンチマークなのです。しかし、ルイス・ウォルパートの疑問に戻ってみましょう。「さらにどれだけお知りになりたいのですか？」ホルムズはこれに対して、分子のレベルの立場で、もっと多くの分子の構造を決定することが必要であると思うと答えました。私は、より高次の統合的なレベルにおいてそれがどのように働いているのかを知りたい、と付け加えたいと思います。このことを示すために、私は自分自身の研究分野である「心臓」に戻りたいと思います。

仮想心臓

心臓の筋肉細胞と骨格筋細胞は多くの共通性を持っていますが、いくらか異なった働きをします。収縮という動きに関与している分子プロセスは本質的に同一です。2種類の収縮蛋白質がお互いの上を滑ります。違いは、主として細胞がどのように制御されているか、ということと、これらの細胞が臓器全体の中でどのように働いているのか、という点にあります。心臓では、すべての筋肉細胞は、高度に組織化された複雑な方法でお互いに連結されています。したがって、心臓の臓器としての種々の働きを純粋に分子レベルで理解することは、絶対に不可能です。すべての筋肉細胞は相互に作用しています。どのようにそれをしているのかということは、重大です。これが、血液が体中に駆出されるかどうかを決定しているのです。したがって、生きるか死ぬかを決定しています。

他の臓器やシステムと同様に、どのように心臓が組織化されているのかということに関しての複雑な詳細は、胎児期の発達期間に決定されているに違いありません。したがって、ある臓器の完全な定量的理解をするためには、その臓器の発達に関しての詳細な知識が必要です。このことは、進化論的成功の背後にある論理への糸口を、私たちに与えることになるでしょう。心臓の発達に関して多くが理解されるようになってはいますが、私たちが欲するスケールでこのプロセスをモデル化することはまだできていません。これは、ひとつには私たちが充分に知ってはいないことによります。それに加えて、たとえ私たちが充分に知ったとしても、このようなプロジェクトは、数学的に可能ではないでしょう（本章の最初の方のブルージーンの話を参照）。

したがって、ここでも私たちは「ミドルアウト」アプローチを採用する必要があります。この場合は、「ミドル」は臓器そのものです。

私は約15年前に、このアプローチが開始される様子を目撃する幸運を得ました。そのとき、私はニュージーランドのオークランド大学の客員教授として過ごしていました。工学のピーター・ハンターと生理学のブルース・スメイルが大変骨の折れるプロジェクトで協力していました。彼らは、1ミリまた1ミリと、犬の心臓の筋肉線維の位置と方向を記録していました。何年にもわたる作業の後に、彼らは何百万ものデータ点を得て、それを格子構造に配置してゆき、オリジナルの心臓の構造を模倣することができました。図6の上の部分には、同様のアプローチによって得られたブタの心臓の例が示されています。

このような膨大なデータの収集は、それ自体で重要です。それによって、仮想的な解剖学的モデルを構築して、それをたとえば教育ツールとして使うことができます。しかし、オークランド・チームはこれよりもずっとずっと大きな構想を持っていました。彼らは、筋肉線維の収縮（力学的）動態、心臓の血液循環（冠循環）（図6の中段）、そして第5章で述べたような種類の細胞モデルを使った電気的特性も取り入れることができるコンピュータソフトウェアの形のデータベースを、つくりあげました。将来的には、生化学パスウェイ、神経調節、遺伝子発現など、長いリストのさらなる要素を、次々と取り入れることになるでしょう。

その結果は、最初の仮想臓器、仮想心臓です。このプロジェクトは、いまでは国際的な協力で推進されています。世界中の異なった地域のいくつものチームがデータ、数学的モデル、そしてアイデアを蓄積しつつあります。

細胞モデルはミドルアウトアプローチの瞠目すべき実際例ですが、現在さらにすばらしくなってきています。このプロジェクトでは種々の細胞モデルを導入しているので、細胞と蛋白質のレベルをつなぐことができます。また、それはさらに遺伝子のレベルまで下がってゆくこともできます。正常と病的心臓のあいだの遺伝子発現パターンの違いや、特異的な遺伝的変化による生理学的効果を表すこ

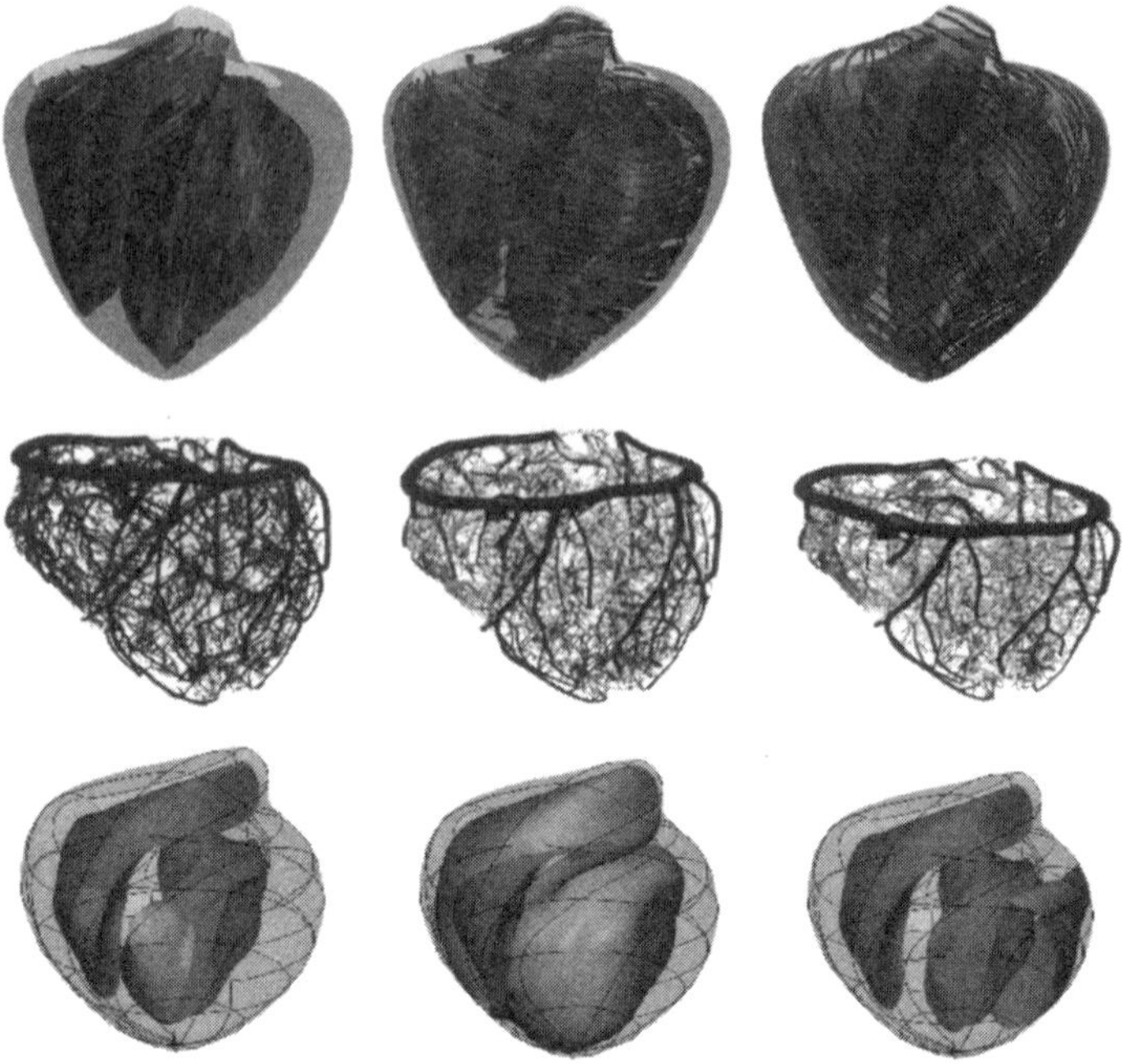

図6　コンピュータによる心臓の再構築（仮想心臓）をするための三つのステージ。

上段　：心室の筋肉線維の方向と位置のモデル。(Stevens and Hunter, 2003 より、許可を得て掲載)

中段　：１回の心拍中の３時点での、心臓血管のモデル：

左：収縮開始の直前、心臓がもっとも弛緩しているとき

真ん中：収縮中、血液を駆出する前の心臓がもっとも活動的であるとき

右：血液を駆出した終点、弛緩が始まる直前

(Smith et al., 2001 より、許可を得て掲載)

下段　：心臓の電気的興奮の三つのステージ。(Tomlinson et al. 2002 より、許可を得て掲載)

とができます。

ベルギーの画家マグリットは、タバコパイプの絵で有名です。その横に、彼は「ceci n’est pas une pipe」（これはパイプではない）と書き入れました。そのメッセージは、これは絵だ、ということです。講演で仮想心臓の動画を示すときに、私はときどき「ceci n’est pas un coeur」（これは心臓ではない）という一文を付け加えます。しかし、私の動機はマグリットよりいささか尖鋭的です。マグリットのパイプは非常に正確に描かれていますが、誰もそれにタバコをつめようとは思わないでしょう。対照的に、その心臓の動画では、どちらが本物でどちらが仮想のものなのか、区別するのはとても難しいのです。そのシミュレーションは、それほど人を納得させるものなのです。

しかし、それはどれほど完璧なのでしょう？「本物」という印象は正しいでしょうか？

私たちは心臓にどれだけの数の遺伝子が発現しているのかを正確に知ってはいませんが、５０００は下らないでしょう。もっとも複雑な心臓細胞モデルでも、およそ１００の蛋白質メカニズムを取り入れているだけです。したがって、ざっと見て、モデルでは関係する遺伝子の約2パーセントだけしか扱っていないことになります。それにもかかわらず、このモデルは心臓の電気的および機械的活動について、非常に納得できる再現をすることができます。これは、モジュール化という特性がどのようなものであるか、ということの好例です。しかし、それはまた、このようなプロジェクトがこれから先どれほど進んでいかないといけないのかを思わせもします。そして、それから、体の他の臓器とシステムについて、同様の解析を開始することができます。

ハンプティダンプティをもっとも小さなフラグメント、遺伝子と蛋白質、に分解すること自体が充分に難しいことです。しかし、それはおそらく、生物科学の挑戦のより簡単な半分、還元主義という半分であったと思います。フラグメントをつなぎあわせて、もう一度ハンプティダンプティをつくるのは、未だにもっともっと難しいことです。これが、システムズバイオロジーにつきつけられている、とても刺激的な挑戦です。

第7章　モードとキー —— 細胞の奏でるハーモニー

それは、ときどき言われるほど明らかに間違っているわけではない。

ジョン・メイナード・スミス（1998）「ラマルキズム」について

シリコン人間、熱帯の島々を見つける

チャールズ・ダーウィンは島々に一生を捧げた人でした。彼が島好きだったのは、それが孤立しているからです。彼はもちろん孤立自体を楽しんだわけではありませんが、孤立していることによって独特な方向に発達してきた種を研究する機会を喜んだのです。このようにして彼は、自然選択による進化という彼の理論を導くカギとなるいくつかの発見をしました。ガラパゴス諸島において、彼は特に鳥たちや亀たちの生活様式を調査しました。南アメリカの海岸からはるかに離れたこの群島の中のさまざまな島は、お互いに多少とも断絶しています。これらの島々の動物たちは、結果としてお互いに違ったものになっていました。

この多様性の理由が明らかになるには、時間がかかりました。その航海の最中には、ダーウィンはそのとてつもない重要性に気づいていなかったので、彼が標本を得た島々の名前を記録さえしていませんでした。ダーウィンが帰国し、鳥類学者であり挿絵家でもあるグールドがダーウィンに、これらが近縁種のフィンチ［アトリ科の小鳥の総称］であることを指摘して初めて、その重要性に気がつきました。ようやくダーウィンは、その島々の多様性の真価を理解したのです。

この例を心にとどめながら、もう一つシリコン人間の話をしたいと思います。今回、シリコン人間たちは、とても不思議なことが起こりつつあるいくつかの島を地球上に発見しました。ダーウィンの場合と同様に、彼らも、見つけたことの重要性に気がつくには時間がかかります。

前にも述べたように、シリコン人間はシリコンによってできている地球の人間相当のもので、同じような程度の知能を持っています。そこで、彼らが私たちと同じくらいの大きさであると考えるのが自然でしょう。しかしながら、シリコンでできているため、実際には違った大きさでありえます。あるシリコン人間はとても小さくて、地球の動物の寄生虫になることさえ可能でしょう。このようなシリコン人間の種類にとっては、多くの地球の生物体は彼らの眼にはあまりに巨大で、とても生物体として認識することはできません。したがって地球の生物学に関しての彼らの研究は、細胞のレベルにとどまります。

ダーウィンのように、彼らはとてもよく似た熱帯の島からなる群島を見つけました。気温は一年中うだるような暑さの摂氏37度です。さて、第3章にあらわれた彼らの遠い親戚の大きなシリコン人間と同様に、彼らもその小ささにもかかわらずＤＮＡ配列を読み取る技術を持っている、と仮定してみましょう。最初の島で、彼らは種の豊かな多様性を見つけました。ウィルス、細菌、真核細胞（あなた方や私のものと同じような細胞でできている種類。核と染色体、ミトコンドリア、そしてリボソームを持つ細胞）があります。それで、彼らはＤＮＡシーケンサーを使って調べます。

シリコン人間たちは、ウィルスと細菌の中に広範囲の異なるゲノムを見つけます。しかしまた、まったく同じＤＮＡゲノム配列を持っているおよそ２００種類もの真核細胞も見つけるのです！　それにもかかわらず、それらの細胞種はきわめて明確に違っています。あるものは動き、そして形を変えます。またあるものは表面がいろいろなパターンの波打つ髪のような繊毛で覆われています。さらに、あるものはコミュニケーションのための長い線を出しています。彼らはそれぞれ、同じような特性を持つコロニーの中で生きています。

これらの細胞種について不思議なことは、それらが増殖するとき（それは無性で行われますが）、彼らの獲得した形質、それは彼らが生きているコロニーのものですが、が娘細胞へと伝えられることです。他の１９９の細胞種とまったく同一のＤＮＡ、すなわち遺伝子セットを持っているのですが、これらの細胞種はそれぞれ動く、分泌する、伝達する、などという獲得した形質を、常に次に伝えることができるのです。

シリコン人間のひとりが、地球の生物学上の考えの歴史についてあることを知っていました。それで、彼はたちまち、とても重要な発見をしたと思いました。

彼は説明しました。「知っているかい。ここ地球では、19世紀と20世紀にとても大きな論争があったんだ。あるものは獲得した形質の遺伝は不可能である、と言い、他のものはそれは可能であると考えたんだ」。（興味深いことに、程度は違いましたがダーウィンもラマルクも後者でした。）

　彼は続けました。「後に、人間たちは、ゲノムＤＮＡは個人によって獲得された形質では決して変化しないという理由から、それは不可能であるという方に軍配をあげて論争に決着をつけたんだ。外部環境との相互作用によって個々の生物体に何が起こっても、それは決してＤＮＡコードという形でその子孫に受け継がれることはない。ネオダーウィニズムと呼ばれている考えは、生物学のセントラル・ドグマと呼ばれるこの原則を基盤としていたんだ。したがって、私たちが見つけたことは、彼らをとても驚かせるだろうな。それに関与している種々のメカニズムを研究しなければならない。」別のシリコン人間がダーウィンの仕事におけるガラパゴス諸島の役割を思い出し、この疑問を他の島にも適用して調べてみよう、そうすれば、比較ができるから、と提案しました。そして彼らが見つけたことは、さらに驚くべきことでした。

　第二の島でも、豊かな多様性がありました。ここでもまた違うゲノムを持つウィルスと細菌がありました。第一の島とまったく同様に、同一のゲノムを持っているおよそ２００の細胞種がありました。しかし、このＤＮＡは、最初の島で見つけた同等の細胞種のものとは違っていたのです！　彼らは次の島へと急ぎました。同じことでした。およそ２００種類の真核細胞は同一のＤＮＡを持っていましたが、そのＤＮＡは他の島のものとはまた違っていました。

　シリコン人間のひとりが、ミトコンドリアも遺伝されるＤＮＡを持っていることを知っていました。それで、彼らはミトコンドリアのＤＮＡ配列について調べてみました。再び、彼らはミトコンドリアＤＮＡのパターンが島ごとに違っているが、ある特定の島では同一であることを見いだしました。

彼らは優れた分子生物学者です。それで、彼らは最終的には何が起こっているのかを明らかにしました。それぞれの島では、たとえＤＮＡコードそのものは島を超えて共通であっても、それぞれの細胞種がある化学的パターンをＤＮＡ上に刷り込んでいます（インプリンティングとも言います）。その結果、細胞のメカニズムが遺伝子を発現するときに、娘細胞でも親細胞と同じような発現パターンが起こります。ＤＮＡ配列がすべての細胞種で同一であっても、発現パターンはまったく異なりえるのです。これらが、細胞種のあいだの違いを生んでいます。この発現パターンの遺伝は何世代にもわたって起こり、それは完全に安定的なのです。

読者のなかには、少しあとで説明するように、これが実際、化学的に可能であるということに驚かれる人もいるでしょう。実際には、シリコン人間の発見に今日の分子生物学者や遺伝子学者が驚くことはありません。しかし、シリコン人間たちはこのことを知りません。彼らは何か新しく違ったことを発見したと思っています。それでは、次に何をすべきでしょうか？

最初に違う島を調べようと提案したシリコン人間に、またとてもよい考えが浮かびました。彼は言いました。「確かに、私たちが見いだしたことは、一つの島のそれぞれの細胞種の中で獲得した性質が受け継がれるということをよく説明する。しかし、どの島にも、よく似た一連の細胞種群がある。にもかかわらず、ある島のある型の細胞種群は、他のどの島の相当する細胞種群とも異なるＤＮＡを持っている。なぜなのかな？　このような違いはどのようにして進化してきたんだろう？　この疑問の答えが、ここで何が起こっているのかを理解するカギに違いない。」

これらのシリコン人間はとても小さいので、時間というものも私たちとはずいぶん違うように感じています。私たちの1年が、彼らにとっては１００年のようなものなのです。それで、このなぞの次の糸口を明らかにするのに非常な時間がかかりました。慎重な測定により、島々が完全に静止しているのではないことに彼らは気づきました。とてもゆっくりと、島々はお互いに動いています。これは別段の驚きではありませんでした。彼らは構造プレートについて知っていましたし、地球上の巨大な大陸でさえ動き回ってきたことも知っていました。

彼らにとって数百年が過ぎて、島々のうちの二つがとても近くまで近づいてくるのを観察しました。とても近いので、一つの島からもう一つの島へ橋をかけることができるほどです。
最初、橋をかけるのにはいくつかの問題がありました。他の島のトンネルに橋をつなげるには、いろいろ試みを繰り返す必要があるようです。なんとかつながっても、しっかり安定することなく、橋が前へ後ろへとスライドします。

それから、本当にショッキングなことが起こります。突然、つながっていた二つの島で、警告なしに同時に地震が起こります。震動と余震でシリコン人間たちは島から放り出されそうになりました。血も凍るような叫び声が発せられましたが、シリコン人間のものだとしたら、さぞかし苦痛だったのでしょう。

シリコン人間たちは、それからまったく驚くべき事象を目撃しました。彼らにはこれまでむしろ役立たずに見えていた２００の細胞種のひとつにです。この細胞種のメンバーは何もしていないように見えていました（すなわち、特段の表現型を持っていないように見えていました）。ところが、いま突然、一つの島から何百万ものその細胞が始動し始め、一種の密閉された水路のようになっている橋の急流の中を、迅速に泳いで渡りだしました。

　地震は止まり、静けさが戻ります。侵入者はトンネルの奥深くへと競争して行きます。その競争の中で、ほとんどは死にます。たった一つが生き残って、もう一方の側の大きな細胞にくっつきます。このとき、その大きな細胞の表面に電気ショックの波が拡がり、その動いてきた細胞種のすべてのＤＮＡが突然その大きな細胞の中へ注入されます。何年もあとで、その島は二つに分裂し、別の小さな島があらわれてきます。その島も、別種の同一ゲノムを持つ、多くのさまざまな細胞種から構成されています。

シリコン人間の間違い

　みなさんにはもちろんおわかりでしょう。その水路をわたった何百万もの小さな動く細胞は、精子の細胞です。一つの精子が卵子に出会い、それを受精させます。おのおのの島の残りの２００の細胞種は人間の体の分化した細胞であり、もちろんこれがウィルスと細菌を養ってもいます。シリコン人間の間違いは、彼らの大きさのゆえに起こりました。とても小さいので、個々の人間を島と思ってしまい、２００種類のさまざまな細胞型を、それぞれが個々の種であると思ってしまいました。

　しかし彼らの間違いは、大きく見れば真実である点が多々あります。細胞自身にとってみれば、人間の身体は一つの島のようなものです。進化の立場から見れば、そこに種々の細胞が捕らえられていると言ってよいでしょう。種々の生物体は遺伝子、ウィルス、細菌を捕らえて従わせているばかりでなく、その全細胞も捕らえているのです。

　このことを考慮に入れて、この話を考えてみてください。分化した成熟細胞が違った種であると記述していること以外、すべては標準的な生物学です。したがって、シリコン人間のいろいろな発見に驚く地球の科学者はいないでしょう。それでも、このような形で話すとショッキングに思えます。なぜでしょうか？　多くは、「ラマルキズム」、すなわち、獲得形質の遺伝が、ダーウィニズムに反すると間違って広く考えられていることによります。本章の終わりに、このことを明らかにしましょう。

細胞分化の遺伝的基盤

　生物体のレベルにおいては、世代を超えた獲得形質の遺伝はとてもまれであるようです。しかし多細胞生物においては、このような遺伝が盛んに起こるレベルがあります。同一の個体のすべての細胞は、精子と卵子の融合によって形成されたもともとの遺伝子の組み合わせに由来する、まったく同一の遺伝子対を持っています[1]。にもかかわらず、細胞たちはお互いに驚くほど違います。骨細胞は神経細胞とはまったく違いますし、膵臓細胞は皮膚細胞とでは、肝細胞は心臓細胞とでは、まったく違います。

　これらの伝えられうるさまざまな違いは、どのように説明されるのでしょうか？　ＤＮＡはすべての細胞で同一ですが、おのおのの細胞では異なった種々の遺伝子が役割を果たし、違った発現をします。すなわち、どの遺伝子群がいつ、どのように発現するかが違っています。音楽家は常に3万のパイプのオルガン（ゲノム）を演奏しますが、おのおの型の細胞ごとに、きわめて違った演奏を行います。そして、体の中の特殊化された細胞型は顕著な特徴を持っています。これらの細胞が分裂して新しい細胞を生むときには、遺伝子発現に関する獲得したパターンについての情報を娘細胞に伝達するのです。これは後成的《エピジェネティック》遺伝と呼ばれています。それは、ＤＮＡ配列の違いによって起こるものではありません。

　ＤＮＡはもちろん娘細胞へ引き継がれるのですが、ＤＮＡが娘細胞を肝細胞、皮膚細胞、あるいは他の種々の分化した細胞にするのではありません。むしろ、そのような違いをつくるのは、ＤＮＡそのものの表面に加えられる追加的なパターンです。ＤＮＡは、細胞型によって異なる化学的なマーキングを運んでいます。このことが、各細胞型に特異的な遺伝子発現のパターンを、細胞を生むごとに確実に伝えられるようにしているのです。

　これらのマーキングのメカニズムのひとつは、シトシン（DNAコードではCです）のメチル化と呼ばれる化学的プロセスです。この遺伝子刷り込み（インプリンティング）の特有の化学的メカニズムは解明されています。しかし、よく理解されていない他のメカニズムもいろいろあるようです。遺伝子刷り込みに加えて、細胞は身体そのものから種々のシグナルを受け取ってもいます。脳に移植されても、あるグループの膵臓細胞は膵臓細胞として働き続けますが、身体の外では、これらの細胞は膵臓細胞の働きを失ってしまいます。しかしながら、遺伝子刷り込みは残ります。これは永続するよ

1　生殖細胞はこの例外です。それらの細胞は遺伝子コードの半分しか持っていません。

うです。
これに関与しているプロセスには魅了されます。胎児の皮膚細胞がたまたま眼が形成される体表面に移動してきたときには、その遺伝子発現が変化し、レンズを形づくる細胞へと変わるのです。もし、指揮者がいるとすれば、彼は目立たないフルート奏者をすばらしいトランペット奏者に変身させることができるのです。

必ずしも、このようでなければならないわけではありませんでした。一世紀くらい前、遺伝子についての現代的な考えの創始者のひとりであるオーガスト・ワイスマンは、分化した種々の細胞がすべての遺伝子の完全なセットを持っているのではなく、その細胞型の機能を発現するのに必要な遺伝子だけを持っているのではないか、と考えました。肝細胞は、心臓の細胞とは違うＤＮＡのセットをその核に持っているだろうというわけです。この考えが、「遺伝子がすべて」の古いバージョンです。心臓細胞のための遺伝子、膵臓細胞のための遺伝子、神経細胞のための遺伝子、等々という考えです。

当時は、これがより単純であり、可能性の高い考えだと思われていました。もし、各機能がそのための遺伝子セットに対応しなければならないとすると、コードしている機能に従って遺伝子群が選別され、ある特定の機能を果たすのに必要な遺伝子群だけが細胞内にある、という考えは妥当だと思えるでしょう。この考えは、細胞型に特異的な特性がどのようにして伝えられるのか、という疑問を解決します。いまでは私たちは、そうではないことを知っています。そして、なぜ、遺伝子と機能の関係が複雑であるのかを知っています。遺伝子は多くの異なった機能を果たしています。重要なのは個々の遺伝子ではなく、その発現パターンなのです。

心臓細胞を、たとえば膵臓細胞と区別しているものは何でしょうか？　どの遺伝子群が活性化されているかということではなく、それらの遺伝子群が他の遺伝子に比べてどの程度活性化されているのか、ということによっています。今日では、分化成熟細胞においていわゆる後成的な遺伝メカニズムが実在していることはよく確立されています。それで、この疑問に対する通常の考えを逆転する必要があるということを述べたいと思います。このような遺伝が成熟分化細胞でなぜ起こるのかと問うのではなく、生殖細胞ではこのような本来備わっている役に立つメカニズムがどのようにして押さえられるのか、と問うべきでしょう。もしかすると、それは完全には抑制されていないかもしれません。おそらくは、遺伝子のこのような化学的マーキングが第4章で述べたような「ラマルク型」の種類の遺伝という珍しい形に関係しているのだと思われます。

　メイナード・スミスがはっきりと認識していたように、興味深い疑問は、生殖細胞系列の遺伝においては、なぜこの現象が非常にまれなのか、ということです。これが一般的にはならなかったことの明らかな理由はありません。同じ多細胞生物を構成している細胞は、それを自由に使っています。生物学のセントラル・ドグマが正しいためには、生殖細胞を介した遺伝はこのメカニズムを使ってはいけないのです。

　しかし、それでは後先が逆です。なぜ、進化はこのセントラル・ドグマをほとんど例外なく正しいようにしたのでしょうか？　なぜ「ラマルク型」の遺伝が、生殖細胞だけを**唯一の例外**として、種々の多細胞生物の**すべての**型の細胞コロニーの中で盛んに起こっているのでしょうか？

　メイナード・スミス（Maynard Smith, 1998）はひとつの可能な説明をしました。彼は次のように書いています。「表現型の変化は（学んだもの以外は）ほとんどが適応に役立つものではない。それらは傷害、疾病、そして加齢による結果である。このような変化を親が子孫へ伝えることを可能とする遺伝メカニズムは、自然選択にとって好ましいものではなかっただろう。」

　これについて、私は確信が持てないでいます。ほとんどすべての遺伝的変化（突然変異）も、やはり適応に役立つものではありません。通常それらは傷害、疾病、加齢と同等に悪いもので、したがって自然選択はそのほとんどを拒否します。もし、自然選択が悪い遺伝型の変化を非常に効率的に除去できるのであれば、悪い表現型の変化にも効率的にそうできたはずです。「ラマルク型」遺伝は、ダーウィン型選択を排除するものではないでしょう。それは多様性のもうひとつの方法を提供し、ダーウィン型選択を補完するでしょう。

　もし、自然がこのメカニズムを使うことができたならば、きっとそうしたでしょう。そこで、なぜ、それが生殖細胞では完全に抑制されているのか？　という疑問に戻ります。答えは、細胞レベルより上位の生物学的複雑性の発達のどこかにある、というのが私の直感です。細胞が寄り集まって大きなかたまりとなり、多細胞生物を形成すると、後成的遺伝が自由に起こるように思えます。

モードとキー

　進化の歴史の大部分のあいだ、多細胞生物種は存在していませんでした。最初のほぼ20億年間には、多細胞生物はあらわれず、5億3千万年くらい前のカンブリア紀爆発のときに、初めて膨大な数が出現しました。したがって、多細胞生物がいたのは、地球上に生命が誕生してからの40億年の期間のたった13パーセント、多く見積もってもせいぜい15パーセントくらいの期間になります。ごく初期の多細胞生物が化石を残さなかったかもしれないので、この時間経過についてはまったく確かというわけにはいきませんが、多細胞生物が出現したのは比較的最近のことにしかすぎません。

多細胞生物の特徴は、私が細胞のハーモニーと呼ぶものです。すなわち、健康な生物体では、細胞は自己の「利己的」利益も持つにもかかわらず、全体の利益のために調和がとれた方法で協調しなければなりません。各細胞の利己的利益が自由な力を得ると、癌のような病気になってしまいます。私は、「協調しなければならない」と書きました。なぜなら、遺伝子群と同じで（第1章冒頭の引用を参照）、「彼らはすべて同じ船に乗っている」のです。しかしながら、協調は、それが必要だから起こってきました。

これは音楽のモードとキーの発達とよく似ています。人間の音楽の歴史の大部分では、リズムとメロディーがカギとなる特徴です。

私たちが中世風のモード（旋法）と呼んでいるものは、一つのメロディーとバックアップするリズムによって構成されている音楽です。これは、教会のグレゴリオ聖歌に使われてきましたし、非宗教的なポピュラー音楽にも使われてきました。たとえば、11世紀から12世紀の南仏の叙情詩人による美しくエロチシズムあふれる歌の中にも、これらのモードが使われているのを見ることができます。同じことを世界中の多くの初期の音楽にもみることができます。そのモード、すなわち1オクターブの中での音符の配列は、西洋の中世音楽のモードとはずいぶんと違ってはいます。この種の音楽は、必要に応じて多くの変化が可能でした。日本、韓国、あるいはインドの伝統的音楽の響きは、西洋人の耳には非常に不思議に聞こえます。

しかし、様式が変わりました。いくつかの声あるいは楽器がユニゾンではなく、ポリフォニック（多声の）ハーモニーと呼ばれる複雑な様式の相互関係を持って歌い、そして演奏するという必要が生じました。これらの必要に応じて、現代音楽のキーが発達しました。これらのキーの大変な利点は、各音楽の部分が同じキーで書かれると、間隔に関してのある規則に従えば、全体が非常に協調的に聞こえるということです。しかしながら、中世のモードが消えてしまったわけではありません。それは同化されただけです。ちょうど、多細胞生物が出現したときに、単細胞生物が消えてしまったのではないように。

多細胞のハーモニー

このたとえから何か糸口を得ることができるでしょうか？　後成的な遺伝とそれを生殖細胞系列から排除することは、多細胞生物のハーモニーの要件なのでしょうか？　すべての細胞の音楽は、同一のキーでなければならないのでしょうか？

人間を構成する細胞型が正確にいくつなのかは議論の余地があります。それは、定義の問題でもあります。身体の中のすべての型の細胞をモデル化することを目指したプロジェクト（ヒューマン・フィジオーム・プロジェクト）［フィジオーム（Physiome）は、ラテン語の physio（自然あるいは生命）と、

ome（総体）をつなげた造語。生命体の生理機能の総体を意味する」は、遺伝子発現のパターンのまったく異なるおよそ２００の細胞型があると推定しています。さらに微細な変化も考えに入れれば、もっとあるでしょう。たとえば、心臓のいろいろな部分には少しずつ違った特性の細胞があり、それが致死的な不整脈の発生を防いで心臓を守っていると考えられています。

　したがって、私たちはおよそ２００種類の個性から構成される聖歌隊あるいはオーケストラです。正確な数はそれほど重要ではありません。重要なことは、それが大きいということであり、したがって遺伝子発現のパターンの範囲もとても大きく、またさまざまである、ということです。生物体全体として、これらのパターンも協調的でなければなりません。彼らはすべて同じ船に乗っており、沈むも浮かぶも一緒なのです。このハーモニーを乱すことは、深刻な結果をもたらすでしょう。20億年以上の実験の結果として到達されたものです。完全ではないかもしれませんが、ほとんど場合、それはうまく働きます。

　それぞれの細胞型もとても複雑で、多くの細胞型でほとんどすべての遺伝子が発現しています。したがって、身体の細胞すべてが同一の遺伝子セットを持っていること、各細胞型の遺伝が遺伝子セットの違いではなく、遺伝子マーキングで伝えられることには、妥当性があります。

　これは、生殖細胞系列の遺伝に関する疑問にアプローチする助けとなる考えです。もし、生殖細胞系列の遺伝が個々の細胞型における諸々の適応による変化を反映すると仮定すると、何が起こるか考えてみましょう。すべての細胞型が、結局は融合した生殖系列細胞に由来することを考えると、その影響はどのようなものでしょうか？　明らかに、ほとんどすべての細胞型において、遺伝子発現のパターンが変わることになるでしょう。たとえば、心臓機能の改良を次の世代へ伝えるのに、生殖細胞の遺伝子マーキングを使って行うとすれば、体中の他の多くの型の細胞の遺伝子発現にも影響を及ぼさざるをえないでしょう。そして、もちろん心臓細胞にとって有益なことが、たとえば骨細胞とか肝細胞とかでも有益であるという保証はありません。逆に、ある一つの細胞型に有益な適応が、他の型では悪影響があるであろうことが多いと思われます。

製薬産業では、しばしばこの問題に遭遇します。ある一つの型の細胞、たとえば腎臓細胞、に作用のある種々の薬物を開発しても、残念なことに、これら薬物は多くの他の細胞にも影響を与えます。同じ遺伝子を発現している細胞では同じ薬物に感受性を持つことを避けられません。結果として、体と種々の細胞のあいだの繊細なハーモニーに対する深刻な障害となりえるのです。薬物の場合には、これを副作用と呼びます。

さまざまな副作用は深刻な問題となります。実際、それはしばしば重篤であり、ときには致命的です。同じことが獲得形質による遺伝子変化についても言えるでしょう。したがって、自然選択の遺伝的影響が未分化細胞で働くようにして、分化のプロセスがおのおのの型の細胞にとって適切な遺伝子発現のパターンをコードするための微妙な調整に対処する、ということの方がはるかによいでしょう。生殖細胞系列のコードが全体としてのハーモニーのキーを決定し、個々の細胞型での後成的な遺伝は、細胞が演奏するパートを決めるのです。

もしこの説明が正しいとしても、この考えが100パーセント有効であると考える必要はないでしょう。遺伝子発現パターンにおけるある生殖細胞系列の変化が、いくつかの細胞系列での重大な悪影響を及ぼそうとも、その生物体全体としてみると非常に有益であれば、その変化が選択されることもありえるでしょう。これは、生殖細胞系列で「ラマルク型」遺伝が起こったと思われるいくつかの数少ない例があることを説明するかもしれません（第4章）。それはまた、別のケースの研究を行う動機を与えます。多細胞生物においては、細胞間のハーモニー全体に有益であるときにのみ生殖細胞系列での「ラマルク型」遺伝が起こる、という予想です。より単純な生物種では、もっと起こりやすいかもしれません。私たちがこれまでに見いだした例から考えて、これは妥当なようです（Marynard Smith, 1998）。

「ラマルキズム」の歴史に関する覚え書き

本章の話は他の章とは少しばかり違っているため、衝撃的かもしれません。なぜなのでしょうか？それは、ラマルクと「ラマルキズム」に関して長らく続いている思考停止と、重大な誤解のためだと思います。このことばは、現在の生物学的考えからほぼ完全に抹殺されています。使うときには、ほとんど常に否定的なことばとして使われます。生物科学において「ラマルキズム」だと非難されるのは、ちょうど物理科学において熱力学の諸法則をやぶるマックスウェルの悪魔をつくりだすのと等しく悪いことなのです。

ダーウィンとラマルクは遺伝メカニズムの問題をめぐって闘ったと一般に考えられています。真実は、どちらもそのようなメカニズムについては何も知らなかったということなのです。ダーウィンの偉大な達成は、遺伝のメカニズムがどのようなものであるにせよ、無作為の選択が新しい生物種をつくりだすことを可能とするプロセスを提案したことです。ダーウィンは、進化には内なる駆動力があるというラマルクの考えを拒否しました。ダーウィンもラマルクも、他からの獲得形質（使用と不使用）の遺伝という考えは取り入れていました。大昔からそれは一般的に想定されていたからです。

ダーウィンがこの考えにより不熱心であったのは確かですが、ラマルクが発明したわけでもないのに、彼の名前が常にこの考えとセットにされてきたこと、さらには、この考えが自然選択というダーウィンの進化論に反するものであると見られていることは、不幸な歴史的な偶然です。ダーウィンもラマルクも、この生物学的思想の歴史の笑い話を認めることはないでしょう。きわめて違った理由からですが。ダーウィンはラマルクに極端に否定的で、ラマルクの１８０９年の本（Lamarck, 1994）を「まったくくず」だと評しました。

いまでは、私たちは、獲得形質の遺伝を、「ラマルキズム」ということばに完全に負わせるようになっています。したがって、本書ではこのことばを使いました。しかし、ラマルク自身に対して、これは不当な扱いであることを充分に承知しています。ラマルクは、生物学ということばを初めて使い、それを一つの独立した科学として確立したことで記憶されるのが、より適切で正確だと思います。

マイヤーの記念碑的な本（Mayr, 1982）では、この歴史に修正を加えています。フランス語圏の読者には、ピショ（Pichot, 1999）がそうしています。こういう歴史的事実のため、この本では常に「ラマルキズム」と括弧をつけているのです。このことばが何を意味するのかを正確に定義するのはきわめて難しく、混乱を招きます。メイナード・スミス（Maynard Smith, 1998: 11）にしたがって、私はこのことばを、ネオダーウィニズムの種々の厳格な仮定に反する遺伝メカニズムを意味するものとして使用しています。メイナード・スミスは、細胞分化の遺伝も含めて、私が言及したすべての例をこのカテゴリーに入れています。

ここで、この本で扱っている主題の多くに関する現代フランス人科学者によってなされた重要な貢献について述べたいと思います。ピショに加え、クピークとソニゴ（Kupiec and Sonigo, 2000）の『神でも遺伝子でもない（*Ni Dieu ni gene*）』には大きな影響を受けました。そして、すでに述べたように、フランソワ・ジャコブの『生命の論理（*La logique du vivant*）』にとても多くを負っています。私は明らかに、彼の遺伝子プログラムの考え方とは意見を異にしていますが。

第8章　作曲家——進化

われわれは相互作用の理論を持っていない。それを持つまでは、われわれには発達や進化の理論を持つことができない。

ドーヴァー、2000年

中国式書字システム

ヒトのゲノムには2万から3万の遺伝子があります。それらが一緒になってヒトという生物体のすべてのレベルでのさまざまな効果を生み出しています。それらの遺伝子が協調する方法の数は、第2章で見たように、膨大なものになります。第2章では、それをパイプオルガンに比してみました。だいたい同じくらいの数の要素からできている人間の発明がもう一つあります。それは、中国式の書字システム（漢字）です。これは、台湾、日本、韓国で使われていますし、そして以前はいくつかの他の東アジアの国々でも使われていました。漢字は四角い空間にぴったり合うように造形された絵です。これらの四角のつながりを、言語としてのことばの配列を表すように使うことができます。おのおのの絵は、意味を持っています。いくつかの例では、意味を容易にその絵に関係づけることができます。

たとえば、マウンテン（やま）を意味する文字は三つの山頂が並んでいて、真ん中がもっとも高くなっています。想像力を働かせるまでもなく、私たちはそれに何かやまの連なりを見ることができます。歴史的には、その文字はちょうど子供のやまの絵のようでした。ここに書いたのは、二つの異なるフォント、楷書体と草書体の現在の文字です。

山　山

しかしながら、多くの場合、意味を理解するのはそんなに簡単ではありません。慣習についてのかなりの知識が必要です。そのため、漢字を使っている国で育っていない人たちにとっては、漢字を習うのは大変難しいことです。最初の印象は、勝手にごちゃごちゃ書かれているというようなものです。西洋人は当然のように、アルファベットの代わりに、どうしてこんな気でも違ったような書字システムを使うことができるのだろう、と不思議に思います。

不思議な思いは膨らんでゆきます。基本的な読み書きのために、およそ２０００の文字を習得する必要がありますが、これだけでも充分に難しいことです。さらには、歴史的にはおよそ4万もの文字があったということを知り[1]、そのうちおよそ1万が現在も教養ある人びとに使用されているとわかります。私の中国語、韓国語、そして日本語の辞書はもっと控えめで、より素人向けです。それぞれ、5000から7000の文字しか収録されていません。

文字によっては悪魔的なまでに複雑です。「皇帝髭」という意味に使われる文字、もともとは寓話の神秘的な鳥という意味ですが、を書くためには、30画もの筆あるいはペンの動きが必要です[2]。ここに、「やま」と同じ二つのフォントを使ってその文字を示します。

鸞　鸞

30画の文字を書く場合に可能な書き方の数は、天文学的に多くなります。そのため漢字の総数の3万から4万という数は、理論的に可能なものに比べれば、現実には非常に小さな数であるわけです[3]。

このことはすでに、最初に目にしたとき感じた印象よりも、このシステムに多くの規則があること

1　康熙字典、1716年に中国で出版された42巻からなる辞書。4万を超える文字を載せています。
2　この文字はほとんど使われなくなっています。もっともよく出くわすのは、よく知られた仏教僧の名前、親鸞（1173‐1262）です。
3　それぞれのペンあるいは筆の動かし方を5つの異なる方向（垂直、水平、二つの斜め、まったく動かさない）とするなら、長さの違いを考慮に入れなくても10^{21}（1000の10億倍の10億倍）の可能な30画の文字があります。もし、これに4種類の長さを入れると、その数は10^{37}に増加します。実際の数はたった4×103のオーダーなので、可能な文字は実際の文字の約10^{33}倍ということになります。

を示唆しています。そして、その通りなのです。上のように再現された文字は、４つのもっと単純な文字によって構成されています。その中の一つは繰り返しなので、実際にはたった３つの文字の組み合わせです。それらの文字はそれぞれ単純な意味を持っており、糸、言、鳥です。

３万とも４万ともいわれるすべての知られている文字は、このように基本要素の組み合わせでつくられています。基本要素としては、たった２００から３００です。そのほとんどがそれ自身で特異的な意味を持っている文字です。さらに少ない数、およそ百種類の文字が、とても頻繁に出現します。たとえば、「糸」と「言」は、何百もの文字の中に使われています。

それで、最初の段階では、より単純な１００から２００の文字を学ぶことになります。このように準備すると、他のすべて文字において、書字のパターンを見ることができるようになり、それは時に意味にも反映されています。この仕組みはモジュールシステムと呼べるものです。初めて遭遇したときには、漢字は圧倒的に複雑だと思ってしまいますが、しばらくたつと、実はより単純な要素が繰り返し繰り返し利用されて、この複雑に思えた印象をつくっていることがわかってきます。

遺伝子におけるモジュール性

読者はすでにこの本の書き方になじんで、楽しんでいただいているのではないかと思います。もし、漢字のモジュール性についての余談が、生命のモジュール性とその進化の方法の探究への序幕だろう、と思ったとすれば、その通りです。漢字の場合のように、生命もモジュールシステムなのです。そして、モジュール性が生命の進化の方法を理解するカギなのです。

遺伝子は、ＤＮＡコードの長いつながりです。それぞれは、より小さなモジュールで構築されており、モザイクのようになっています。正確にはどれほどの数のモジュールがあるのかはわかりませんが、せいぜい１０００か２０００くらいであろうと思われます。したがって、これらの基本的なモジュールは、多くの遺伝子によって共有されているはずです。

遺伝子コードは漢字ともう一つの特徴を共有しています。歴史的には、モジュールはそれぞれ単純な機能（意味）を持っていたと思われますが、システム全体はまったく単純でもわかりやすいものでもありません。実際、私たちがそれを理解しようと試みたとき、ごたごたしていてとてもそんなことはできない、という印象を持ちました。トラブルは進化です。ゲノム（言語）が進化するに伴い、機能（意味）は変化してきました。ゲノムや言語はしばしば、もともとの機能や意味とは関係なく変わってしまいました。

遺伝子の進化も文化の進化もこのような乱雑さ、もっと上品な言い方をすれば、発明の才能を共有しています。このような複雑な一連の付け焼き刃的対応を通して、自然は私たちが今日知っている膨大な生命の多様性に到達してきたのです。もつれた複雑さというものが、自然の発明の母なのです。

比喩の考えはここでも重要です。比喩は単語やフレーズの適応性を変化させます。その考え方に従って、ゲノムが発達するに伴い、自然は一つの比喩から次の比喩へと切り替えてきた、ということが言えるでしょう。古いＤＮＡモジュールの宝箱を使って、新しい組み合わせを形成し、そして古いさまざまな遺伝子に新しい機能を与えるということを行ってきました。耳、眼、足、羽根を持っている生物種は、そのようなことをまったく考えもしなかった生物から始まったさまざまな遺伝子を利用して、これらの機能をつくってきました。まったく新しいモジュールを創ることは非常にまれで、多くのモジュールはとても起源の古いものです。このような古いモジュールは非常に初期に発達しました。このような経過によって、進化の系統樹では、非常に離れている種においてさえ、そのゲノムのあいだで多くの配列が共通しています。

私たちの遺伝子の99パーセント以上はマウスにほぼそっくりです。進化的には5億年にも前に分かれたにもかかわらず、イカの遺伝子の半分は私たちのものと相同です。

このことを間違って解釈してはなりません。一般的メディアの論者たちはヒトとマウスのゲノムのあいだでその差が非常に少ないことを強調して、私やあなたがマウスと基本的にほとんど違わないかのように言います。彼らは第2章で私が示した計算を見たことがないのでしょう。遺伝子の配列のわずかな違いが、機能では非常に大きな違いを起こしえるのです。世界中の人種の差は、ヒトゲノムのたった0・1パーセントの違いによると考えられています（International_HapMap_Consortium, 2005）。数百万の変異があり、おそらくたった50万くらいが健康と疾病の傾向を評価するのに重要と考えられています。これは全体からみれば非常に小さいように思われます。しかし、影響を受けた遺伝子がそれ同士、あるいは残りのゲノムとのあいだで行う相互作用の数を考えると、それは巨大なものであることがわかります。このことが、遺伝子学が複雑な病気の特徴を明らかにすることがなかなかできない理由です。

遺伝子－蛋白質ネットワーク

私たちはときどき、「この遺伝子は何々をしています」という言い方をします。しかし、このような言い方は間違いです。ある遺伝子はある環境下ではあることをし、もし環境が変われば別のことをするのです。実際、遺伝子が何かをするという表現はしない方がよいくらいで、遺伝子は使用されているというべきでしょう。遺伝子群は制御されながら働いています。生物学者たちが言うように、制御メカニズムがあります。細胞内の環境がある遺伝子の発現スイッチを、さまざまな程度にオンオフします。

遺伝子群は種々の蛋白質によって制御されています。これらの蛋白質はこんどは、別の遺伝子によってコードされています。それらの遺伝子はまた別の遺伝子によってコードされている蛋白質によって発現スイッチを制御されています。このシステムはこのように、遺伝子－蛋白質－遺伝子－蛋白質……という相互作用の巨大なネットワークに依存しています。これらはよく遺伝子ネットワークと呼ばれます。遺伝子－蛋白質ネットワークと言う方がよいと思いますが（第5章で述べた概日リズムがどのように生成されるかの例を思い出してください）。

命名法が重要です。「遺伝子ネットワーク」という言い方は、プログラムはすべて遺伝子の中にあり、成長と生命の維持を制御している、という印象を与えます。そのようなプログラムは存在していません（第4章）。遺伝子群は蛋白質なしでは、なすべきことをなすことができません。そして、蛋白質群も決して自由ではありません。蛋白質たちもその生物体からの影響、最終的にはまわりの環境からの影響に反応して、変化します。これが、「下向きの因果関係」がいかに起こるか、ということなのです。したがって、遺伝子－蛋白質ネットワークについて話をするときでさえ、注意深くなければなりません。高次レベルの種々のプロセスと独立に働くようなネットワークはないのです。

このような複雑な種々のネットワークには、進化と成長の両方に重要な特性があります。ネットワークのモジュール性はきわめて重要です。この特性のおかげで、多くの異なった状況の中で、それらを再利用することが可能となっています。それから、ネットワークそのものに大きな影響を与えずに、モジュールのスイッチをオンオフすることができます。

たとえば、ほ乳類の眼の発生を担っているネットワークのスイッチに関与しているある遺伝子を考えてみましょう。その遺伝子をある昆虫に移したとしましょう。何が起こるでしょう？ 昆虫の眼はほ乳類の眼とは非常に異なった構造になっています。しかし、まったく問題なく、移植された遺伝子は作用して、昆虫の眼の発生のスイッチをオンにします。

再び、足の形成に関与するスイッチモジュールである昆虫の遺伝子について考えてみましょう。昆虫のゲノムの他の場所にその遺伝子を挿入したとしましょう。たとえば、正常には羽根形成を誘導するスイッチモジュールのある場所へ挿入したとします。何が起こるでしょう？ 足が変なところに形成されます。

このような実験結果をどのように理解したらよいでしょうか？ 遺伝子－蛋白質ネットワークはとても安定性があり、かつ適応能力のあるモジュールシステムを構成しています。このような「組織化する」ネットワークの発見は、進化についての私たちの見方を大きく変化させた、と言っても過言ではないでしょう。遺伝学の革命以前にも、初期の解剖学者や発生学者は、ヘビ、昆虫、カニ、ヒトといったとても異なる動物のあいだの形態上の類似性を、指摘していました。学者たちは、広い種にわたって、共通するある種の体節構造を同定していました。これらの現象についての遺伝学の理解は、だいたいにおいてこの考えを追認しています。ヒトの背骨の体節構造は、実際ヘビのものと起源が同じです。これを制御する基礎となっている遺伝子ネットワークがあるのです。これは、*hox* 遺伝子と呼ばれているものを基盤としています。

hox 遺伝子は、何千もの他の遺伝子と蛋白質を含んでいるネットワークを「制御」しています。それで、*hox* 遺伝子はしばしば「マスター」遺伝子と呼ばれます。ここでまた、社会的、心理的仮定が私たちの科学的仕事にどのようにして入り込むか、を見ることができます。*hox* 遺伝子は、ネットワークが何をするのかを「知って」いるわけではありません。ましてや、その意思をネットワークに押しつけているわけではありません。その役割は、ある重要な生物学的プロセスで欠かすことができませんが、それは決してそのプロセスのマスター（主人）ではありません。引き金にすぎないのです。*hox* 遺伝子は、巨大で複雑なネットワークの活動を開始する引き金を引きます。しかし、それを「盲目」に行います。もし、この遺伝子が、他の動物種において他のネットワークの開始を同一の引き金のパターンを使って行う位置におかれれば、他のネットワークを発現させるでしょう。

安全性を保証する重複性

これらのネットワークの第二の重要な特性は、頑健性（robustness）、または重複性（redundancy）です。重複性は頑健性にとって必要条件です。

ここに三つの生化学的経路（A、B、C）があるとしましょう。これらの経路によって、体の中である特定の必要な分子、たとえば、あるホルモンがつくられるとします。そして、経路Aのための遺伝子に欠陥が生じたとしましょう。何が起こるでしょう？　経路Aの遺伝子群がだめになったというフィードバックが、促進されるでしょう。このフィードバックは、経路Bと経路Cのための遺伝子群によって起こることに、影響を及ぼします。これらの代償遺伝子群は、もっと盛んに使用されるようになります。専門用語では、これは、フィードバック制御の一例です。そのフィードバックは、欠陥が生じた遺伝子群を代償するために、影響を受けていない2種類の遺伝子群の発現レベルを増加させます。

明らかにこの場合は、二つの経路に欠損が起こっても代償することができ、機能的であることができます。三つの経路がすべて障害された場合のみ、システム全体が障害されます。ある生物体がより多くの代償メカニズムを持っていればいるほど、その生物体の機能性はより頑健で安定性があると言えます。たとえば、工学技術者は、同じ原則を飛行機の制御システムに用いています。

進化には、飛行機設計者よりも、この種の頑健性がより必要です。進化は、新しい「飛行機」を設

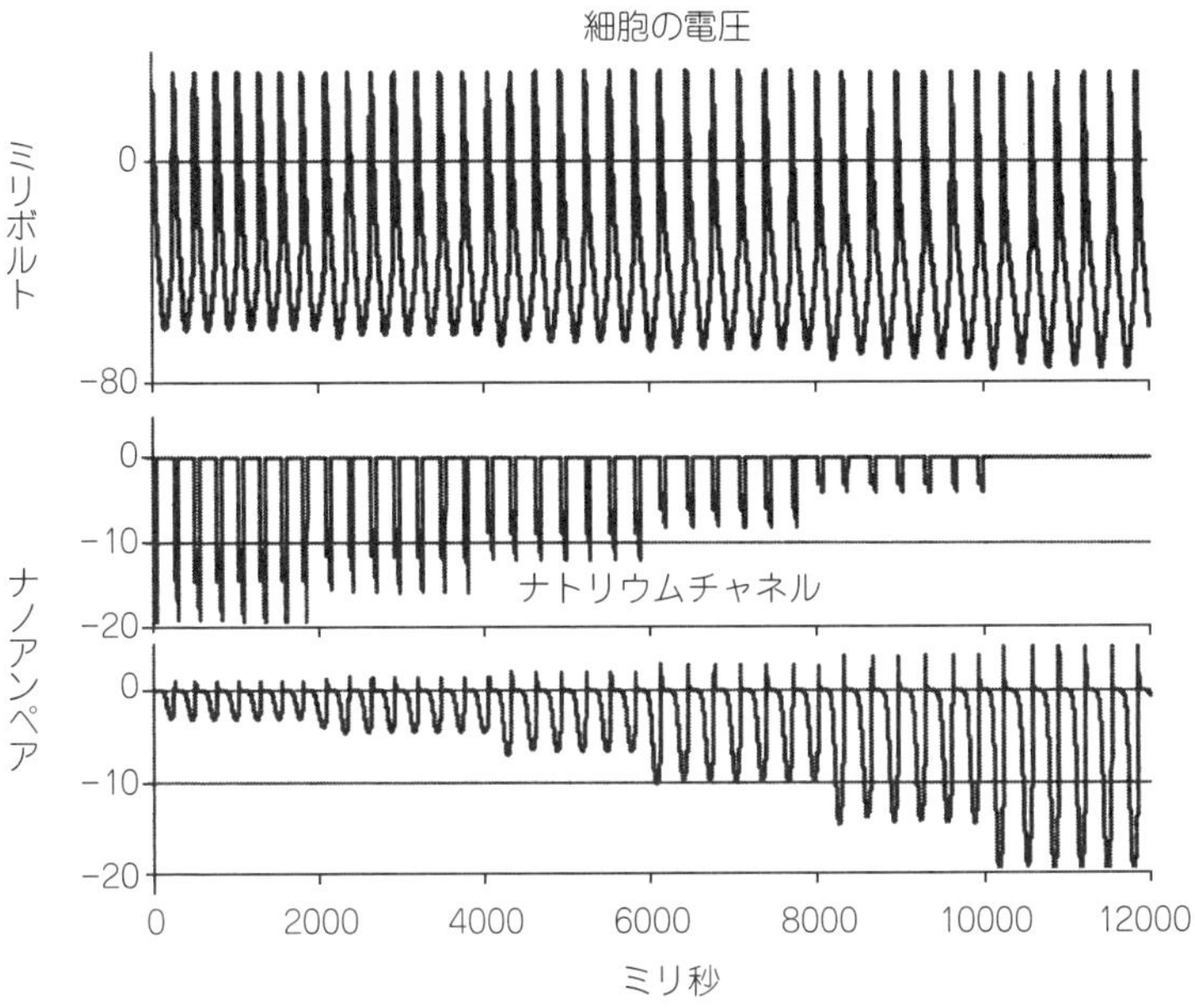

図7　「遺伝子ノックアウト」効果のシミュレーション（Noble et al., 1992 に基づく）。心臓のペースメーカーの頑健性のメカニズムを示しています。ナトリウムチャネルの発現量を徐々に減らし、最終的に「ノックアウト」（**中段のグラフ**）しています。非選択性の陽イオンチャネル蛋白質がナトリウムチャネルの役割を肩代わりしています（**下段のグラフ**）。その結果、心臓のリズムが維持されています。

計するだけではなく、オリジナルも中間的なものも、すべてが「飛び」続けるように設計しなくてはいけません。

　このような種類のバックアップの例について考えてみましょう。図7は、第5章ですでに一度示した心臓のリズムのモデルです。図3と同じように、一番上のグラフは、モデル細胞の「拍動」に伴う細胞の電位の変化を12秒間にわたり示しています。中段と下のグラフは二つの蛋白質チャネルの活動を示しています。中段のグラフはナトリウムチャネルです。下のグラフは前と同じように非選択性の陽イオンチャネルです。ペースメーカー活動の開始にあたっては、ナトリウムチャネルは、非選択性陽イオンチャネルよりおよそ6倍の活性があります。それで、各サイクル中のその振幅は、はるかに大きくなっています。

2秒後には、ナトリウムチャネルはその活性が約20パーセント減少します。その役割の大きさを考えると、リズムがかなり減速すると思うかもしれません。事実は、リズムの変化はとても小さく、この図では認識することが難しいくらいです。何が起こったのでしょう？　ナトリウムチャネルが減少するにしたがって、非選択性の陽イオンチャネルがその役割を代わって行うようになります。この実験では、陽イオンチャネルの活動は約2倍になっています。このようにして、陽イオンチャネルは、ナトリウムチャネルによる活動がなくなった部分を、完全に代償していました。

次に、ナトリウムチャネルの発現がさらに減少したとすると何が起こるか、を見てみましょう。4秒の時点で40パーセント減らします。10秒後には完全にナトリウムチャネルをなくしてしまいましょう。そして、8秒後には80パーセント減らします。6秒の時点で60パーセント減らします。そして、8秒後には80パーセント減らし、10秒後には完全にナトリウムチャネルをなくしてしまいましょう。何が起こるでしょうか？　今度は、認識できるだけの頻度の低下が起こっています。しかし、その効果は小さいものです。これは、非選択性の陽イオンチャネルが、それまではナトリウムチャネルが運んでいた電流と同じくらいの量の電流を運ぶようになったからです。

この心臓のリズムの例のように、重要な機能の場合には、いくつものバックアップのメカニズムがあります。とても多くあるので、事実「どれが本当のペースメーカーメカニズムなのか？」という問題をめぐって、生理学者は何十年も論争を続けてきました。答えは、「場合による」というものでしょう。それは、生物種に依存するし、条件に依存するし、さらには制御メカニズムに依存します。

あなたが競走をしている、あるいは恋人に会おうとしているとしましょう。あなたの心臓は速くうちます。蛋白質活動のバランスが変わるのです。あるいは、ひどいショックを受けているとします。心臓はゆっくりと拍動し、ほとんど停止するような状態になります。違った方向へバランスが変化したのです。このリズム発生メカニズムは生命にとって不可欠です。もし、それがうまくいかなくなったり、心臓の他の部分も定常的なリズムに同調させることができなくなったりしたら、突然の心停止となってしまいます。

バックアップメカニズムが働きだすのは、自然なことです。

ファウストの悪魔との契約

ある生物種が別の生物種に変化するのは、たやすいことではないでしょう。魚類が乾いた地上の生物種に進化することを想像してください。ひれが足となり、そして肺が必要となりといった種々の問題が生じることになります。にもかかわらず、進化のプロセスはそれを成し遂げています。どのように？　モジュール性と重複性が非常に重要であったことはほぼ確かだと思います。すでに存在している遺伝子－蛋白質ネットワークを、混乱させることなく新しい制御ネットワークに挿入することができます。これがモジュール性です。

あるいくつかのメカニズムに種々の変異が起こった、と考えてください。最終的に、このような変異が、もともと支えていたものとはまったく違う機能のために、選択されます。そうした場合、もともとの機能は、どうやって維持されるのでしょうか？　ここでバックアップシステムであったものが、主たるメカニズムとなるのです。それが、重複性の長所です。これが、自然が「飛行機」を飛び続けられるようにしながら、いかにその飛行機の設計を修正しうるか、ということの基本的な説明です。

もちろん、進化は盲目的な過程です。振り返ってみて、特定のモジュールと重複性のメカニズムが、ある特定の進化的発達のために決定的であった、と言うことはできます。このことは、前もって計画されたものだと言っているわけではありません。まさに、心臓が特定の振動子なしで振動しているように、進化はマスタープランなしで起こっているのです。そのプロセスで、進化はときどき、実際はしばしばですが、袋小路へ入り込んでしまいます（そのようにして絶滅が起こります。膨大な多くの種の運命です）。あるいは、私が「ファウストの悪魔との契約」と呼ぶ状態に入り込んでゆきます。

これは、あと知恵ではデザイン欠陥と呼ばれますが、進化の視点から見ると、多くの成功した進化のために支払われた避けえない代償です。ファウストの悪魔との契約によく似ています。思い出していただきたいのですが、この話では、ファウストは無限の知識と力を悪魔から得ます。しかし、その代償は彼の魂を悪魔に与えることでした。この種類の契約の要は、それは最終的には致命的ですが、長いあいだにわたって非常に大きな利益があることです。これは、自然がある機能を生むとてもよい遺伝子の組み合わせを見いだしたときに出会う種類の契約なのです。最終的には致命的であるかもしれないという代償を支払わねばなりません。進化は、特に、それが生命の生殖期間を過ぎて起こることであれば、個々の生物体に致命的であってもほとんど影響されません。

致命的な心臓疾患の原因のひとつは、このような契約の結果です。第5章では、この契約の有益な結果を見てきました。そこでは、心臓の電気的興奮のためのエネルギー要求量を低く保証しているカリウムイオンチャネルについて議論しました。それは、とてもよい知らせでした。今度は、悪い面を見ていきましょう。心臓のエネルギー効率をよくするのですが、一方、電気的メカニズムを脆弱にしているのです。

心臓が拍動したあと元に戻るように拍動中に働く、いくつかのカリウムチャネルがあります。残念なことに、進化がこのとても重要な仕事を与えたカリウムチャネルという蛋白質は、体の中でももっとも非特異的な、反応性の高いもののひとつなのです。たとえば、製薬会社が新しい治療薬として創薬中につくり出す化学物質の約40パーセントは、このカリウムチャネルと反応します。したがって、これらの薬物は心臓の電気的回復プロセスを乱し、致命的になりえます。

そのカリウムチャネル蛋白質は、別の面でも感受性が強いものです。これらのチャネルや他のイオンチャネル蛋白質での多くの変異が、これらの蛋白質の果たすべき機能の不全状態を生み出します。これらの遺伝的変異は、多くのヒトを突然の心臓死の危険にさらしています。何の疑いもせず40歳、50歳あるいはもっと長く生きてきた人が、突然、楽しいゲームのあとのシャワー中に倒れて死亡します。

ファウストとの契約！

進化はこの状況を避けることができたのでしょうか？　私たちにはわかりません。進化は、それほど非特異的ではないカリウムチャネル蛋白質を使うこともできたかもしれません。進化は、他の微細な調整メカニズムを見つけることができたかもしれません。ペースメーカーリズムのときにはそうしたように、もっと安全性を高めたシステムを構築できたかもしれません。しかし、おそらく進化は、そのような問題は気にもしませんし、知りもしなかったのです。もし、それが一部の人にしか影響しないのであれば、また生殖可能な期間を過ぎてからの影響であれば、自然選択がこれらのカリウムチャネルを除外する理由は、まったくありません。そして、進化は、製薬企業の発展などということを予測したわけではありません！ 実際、進化は何も予想することはできません。そのプロセスは指針をまったく持っていませんでしたし、予測もまったくしていないことを思い出してください。「気にかける」とか「知っている」などという表現は、自然選択の中で役割を担っているように思えるものに対して、比喩的に使っているだけなのです。

生命の論理

Physiology のギリシャ語の原意は、「生命 － 論理」（physio-logos）です。日本、韓国、中国で使われている漢字では、この意味はさらに明らかです。

生 理 学

これは、「生命－論理－学問」という順番になっています。それでは、生命は論理を持っているのでしょうか？

進化論の遺伝学者のある人たちは、そんなものはない、と主張してきました。進化のプロセスは盲目的であり、不完全であり、偶然の産物である、したがって、生命に設計はなく、完全ではなく、また堅固な論理に従っているわけではないと。

事実、私たちはペーリーの神の存在に対する議論を逆にすることができます。もし砂漠で時計を見つけたら、少なくとも私たちは時計をつくった人がいると結論づけることができる、と彼は主張しました。したがって、この複雑な美しさと環境への適応力を持った生命を見ている以上、私たちは高度の知的創造者を仮定しなければならない、と彼は主張しました。逆に、いま私たちは、生命には設計ミス、間違った道筋、不完全な妥協が満ちあふれていることを見ることができます。私たちは、いまでも地球上の生命の複雑な美しさには瞠目しますが、その論理がありうべき最善のものであるとはもはや考えてはいません。

さらには、第2章で見たように、生命システムを進化させるという課題には、何十億という他の解決法があったかもしれません。宇宙のどこか他のところに私たちが生命を発見することがあるなら、そのときには、私たちと同じような生命の形態を見る可能性は、かぎりなくゼロに近いでしょう。思い出してください。進化がすべての可能な組み合わせを試すには、全宇宙にさえ充分な材料は存在していないのです。

しかし、これらのどの議論も、論理がまったくない、ということを意味してはいません。生命の可能な論理は、何十億もあることでしょう。今日地球上で私たちが見ていることについて、ある特異的な種類の論理、地球の生命に固有の論理がある、ということは妥当でしょう。しかしそれは、何十億というさまざまな可能性のひとつにすぎないでしょう。進化は何十億年というあいだに出会った多くの曲がり角で、さまざまな別の進路をとることができたかもしれません。それでも、私たちがいま得たものは、それ自身としての妥当性があると言えるでしょう。

大作曲家

本章のタイトルに戻りましょう。進化は、偉大な作曲家です。進化は、すべての遺伝子の音楽、さまざまな細胞のハーモニー、生命のいろいろな段階のシンフォニーを作曲してきました。進化は、多くの可能性を偶然によってより分けながらこれを成し遂げて来ました。このようにして、進化はずっと生物体をその環境に適応させてきました。環境の中には、もちろん他の生物種もたくさんいます。この論理は、完全でもないし、設計されてもいませんが、解き明かす必要があります。そのためには、生理学と発生生物学を進化の理論に再び結びつけることが必要でしょう。パトリック・ベイトソン（Bateson, 2004）が、この必要性と進化に対する遺伝子中心主義的見方からの脱却を、主張しています。彼は次のように書いています。「発達と進化生物学を分離すること、そして、遺伝子に意思があるとすること、この二つは永遠に強い影響力を持ち続けるわけではない。すべての生物体は生き残り、そしてさまざまに再生産される。そして、その勝利者がその遺伝子型を継続するのである。これが、ダーウィン進化の駆動力であり、そして、すべての生物体がいかに行動し発達するかということを理解することがなぜ非常に重要か、ということの理由なのである。」

これがシステムズバイオロジーの最終的なゴールに違いありません。現在、これを行う試みのほんの入り口に、私たちはいます。私たちは、生物学的システムのレベルでの相互作用の成熟した理論を目指していますが、いまは、そのような理解を進めるためにはどのようにすればよいかということを少し垣間見ているだけです。

システムズバイオロジーの仕事は、まず最初にこれらの相互作用を明らかにすること、そして次に、それらを説明する理論を発達させること、そしてそうすることによって、これらの論理的土台を構築することです。この努力の成功は、発達の理論と進化の理論を進めるために、不可欠です。これをゲノム単独の中に見いだすことはありません。ドーヴァーはこう言っています。「そのように相互作用する遺伝子はない。」それはすべて、運転者なしであらわれてこなければならないのです。偉大な作曲家は、ベートーベンが聾であった以上に盲目だったのです。

第9章　オペラ劇場──脳

意識の秘密は、大脳基底核の前障の中にあると思うな[1]。

フランシス・クリック、２００４年

この物語も終わりに近づいてきました。最初の遺伝子のレベルから、生命の音楽の偉大なる作曲家、進化まで、私たちは長い道のりを歩んできました。それぞれの段階で、一つだけの制御者がいるわけではないことを見てきました。生命のオーケストラは、指揮者なしで奏でられているのです。この発見は、ウィルス、細菌、植物、そしてより単純な動物では比較的容易に受け入れることができるでし

1　完全な引用は、「意識の秘密は、前障（脳の一部の名称）にあると思うな。そうでないなら、なぜ、このちっぽけな構造が脳の中のこんなに多くの領域とつなげられているのだろうか?」（Francis Crick, 2004. V・S・ラマチャンドランが 'The Astonishing Francis Crick', *Edge 147*（18 October 2004, www.edge.org）の中で引用している）。前障は脳の中の神経細胞のうすっぺらな層です。それはとても小さく、脳の他の領域への多くの結合を持っています。しかし、詳細はここの議論に重要ではありません。

ょう。しかし、これがヒトも含むいわゆる高等動物にも本当に当てはまりうるのでしょうか？　何といっても、私たちは何十億という神経細胞からできている巨大な脳を持っています。これは、宇宙の中でもっとも複雑なものでしょう。

　したがって、読者の中には、「何が体の種々のプロセスを制御しているのか？」という問いには、一つの明確な答えがあると思っている方もおられるでしょう。そう、神経系は確かにある種の中心となる統合者であり、制御者です。問題は、どのような制御者であるか、ということです。私たちはクリックや他の多くの生物学者たちと一緒に、すべてが集まって中心的な意識となる場所を脳の中に捜しに行くべきでしょうか？　前障のような脳の小さな部分、あるいは他の部分が、これを行っているのでしょうか？

　そして、もしそうであるならば、この意識の中心は、それが見るものをどのように視、聞くことを聴き、感じることを感じるのでしょうか？　神経システムは、光、音、そして圧力の波を頭の中に存在する特別な質的現象（ある哲学者や科学者はそれをセンスデータ、あるいはクオリア[2]と呼んでいます）に変換して、意識の中心へ伝えるのでしょうか？　これは、生物学と哲学が強く関連している領域、あるいは重なると言われる領域です。それでは、生物学者と哲学者は、私たちが世界を知覚していることをどのように考えているのでしょうか？

私たちは世界をどのように見るのか

自己、脳、そして世界の知覚に関する哲学的な難問はいろいろあります。それらの核心には、ある一つの議論があります。それはさまざまな姿であらわれます。以下は、それについての話です。この話の主人公は、ワタシとアナタと呼ばれます。彼らが同じ母を持っていることだけは、あらかじめ知っておく必要があるでしょう。

この章を執筆しながら、私はじっと原稿を見ています。文字は黒く、ページは白色であることを気にとめます。そうして、私はこれを黒色の活字で白色の背景に書いている、とあなたに教えます。そうですね、とあなたは答え、私が言ったことを理解してはいるのですが、どうしても疑いが晴れません。

あなたは問いかけます。「どのようにして、あなたは私が見ている黒色あるいは白色があなたの見ているのと同じだとわかるんだろう？　もしかすると、私があなたの本を読むときに見ているものは、あなたがピンクの上の青、あるいは、深海色の上の緑色、あるいはあなたがまったく見たこともない色も含めた何百万という可能な組み合わせのあるものを見ているのかもしれない！　私がここで言え

2　この用語は、最初20世紀の哲学者によって、「経験の定性的特徴」に言及するために導入されました。単数はクオーレです。これを表す以前の用語としては、「感覚印象」、「センサ」そして「センスデータ」などがあります。

ることは、私が知覚した色とあなたの見る色とは、常に同じ呼び方をするという程度の関連性を持っているということだけだ。私たちは同じ名前を使う。しかし私たちは違うものを見ているかもしれないじゃないか。」

　最初、私は素直に答えます。「ばか言うなよ。私たちは同じ母の膝の上で、黒とか白、そしてその他のすべての色の名前を言えばそれが何を意味するかを学んだんだよ！」[3]

　あなたは言います。「もちろんその通りさ。しかし、私が言いたいのはそういうことじゃないんだ。私たちが母の膝の上で習っていたときには、私たちは同じものを見ており、同じようにそれらが見えているに違いないと思っていた。それから、私はいくらか哲学書と神経科学の教科書を読んだ。そして、いまではどうしても、誰か他の人、たとえ私たちの母でさえ、私が黒の活字を見るときに、私が何を見ているのかをどうやって知ることができるのか、理解できなくなってしまったんだ。私の経験は私の中、私の頭の中、つまり脳の中にある。他人は誰もそれを見ることはできないんだ。私はあなたとはまったく異なる世界を見ているかもしれないでしょう。」

　私はこれを真面目に考えることができません。「へえ。あなたは、まったくの唯我論者になったってわけだ。私もときどきはそんなふうに感じるよ。心配ない。それは一過性のものだから。さあ、一緒にカレーを食べに行こう。」

　もちろん、この言い方はあなたを少しいらいらさせてしまいました。「いやいや、一過性のものなんかじゃないんだ。あなたはわかってないんだよ。私は真剣なんだ。私は私だ。あなたはあなただ。あなたは私が個人的な世界の中で経験したことを知ることはできないんだ。」

「**あなたの個人的な世界？** それはいったいどこにあるの？」

「からかわないでよ。あなたは私の頭の中を見ることはできないんだ。」

「でも実際には、私が見ることができる感覚があるよ。あなたのニューロンから記録をとることができる。あなたの脳をスキャンして、血流の変化を測定するなどいろいろと行うことができる。あなたも私に同じことができる。私たちはお互いの頭の中に、おおよそ同一のものを見つけるだろうさ。」

「ああ、知ってるよ。私が違ったようにつくられているから私は違う、などとは思っていない。しかし、同じように明らかなことは、私たちは物理的に同一ではないということだ。そうだろ、私は私、あなたはあなただ。わからない？」

「それは確かにそうだと思うよ。しかし、だからって、なぜそのことが、あなたは私が見ることができない個人的世界を持っている、ということになるのかわからないな。」

「よせよ！ 私は、ニューロンのことや血流変化、あるいはその他の物理的性質のことについて言っているわけじゃない。私は自分の経験のことについて話しているんだ。私には私の感覚の経験があり、あなたにはあなたの経験がある。いまじゃ、このような経験に名前まであるんだよ。人びとはそれをクオリア（感覚の質）と呼んでいる。あなたもそれを持っているはずだ。ページの上の文字を一つ見てごらん。そこには、白の上の黒のクオリアがある！」

「それじゃ、あなたは二元論者になったの？ 物理的でない何ものかがあると思っているわけ？」

---

3 現実には、この反応は最初思うほど単純ではありません。この話の終局をご覧ください。

「いや、そんなことはまったくないよ！　こういうことは、私の神経のプロセスによって創られている。おそらく、ある意味では、それらは私の神経のプロセスそのものだ。あるいは、少なくともそのようなものを持っているように感じるものだ。デカルトの二元論まで戻るようなことはしないさ。私は、私の脳と相互作用する魂を仮定してるんじゃない。事実、私に関するかぎり、ワタシは私の脳だ。そして、私の脳がワタシが見たり、感じたり、聞いたり、これらの経験をつくりだしているんだ。」[4]

「そういう経験はあなたと私が生きているこの同じ世界でつくりだされていると思うけど。だから、あなたのいう個人的世界に、私はとても戸惑っている。」

「そうだね、確かにそうではあるよ。しかし、私はそういう世界自体のことについて言ってるんじゃないんだ。私が世界を見るときに持つ感覚の**質**（クオリティ）のことを言ってるんだ。それらがクオリアと呼ばれる所以だよ。」

「ちょっと待ってよ。黒の活字を見るときに、あなたは黒い活字だけでなく、何か他のものも頭の中にあると思っているの？」

「そう、その通り。それが言いたかったんだ。」

「だけど、それは単に二元論のもう一つの形にすぎない。どうして、あなたが黒い活字を見たときに起こる神経活動以外に、あなたの頭の中に何かが起こると想定する必要があるの？」

「違う。ちょっと待ってよ。私はクオリアが何か違ったもの、この世のものではないもの、霊的なものだとは考えていないよ。」

「だけど、私にはそう言っているように聞こえるけど！　説明してよ。あなたは科学者でしょう。

あなたの脳は、悪魔的に複雑ではあるけど、物質でできているよね。あなたがクオリアと呼んでいるものが存在するか否かを確認するには、どういう実験が可能だろうか？」

……長い沈黙……

「どうなの？」

「えっとね。それは、そういうことじゃないんだ。さっき言ったように、私が経験していることをあなたは知ることはできないんだ。だから、あなたに教えることはできないんだよ。」

「それじゃ、どうするの？　これまでみたいに、あなたはあなた自身に語りかけ、ある種の独り語りをするの？　どうやって、自分自身の経験を比較するの？」

「もちろん、それは簡単さ。私は自分が黒色について述べたとき何を意味しているのかを知っているし、黒色がどういうものかも覚えている。したがって、ある意味、私は自分自身に〝これが黒色だ〟と言うことができる。」

「しかし、あなたは私に言うことはできないってわけだ?!　あなたは、個人的な言語を持っている

4　議論のこの段階は、個人的言語パズルというこの議論のもうひとつのバージョンについて議論を始めるきっかけになりえたかもしれません。主役、ME、は、この文中でこの「私」はいったい全体何をしているのか、と問うことができたでしょう。あとで探究するように、自己と脳のあいだの関係についてこのように話すことによってつくられる問題を探究する、もう一つのバージョンとなるでしょう。これは、いずれも個人的言語議論のさまざまなバージョンが関係している、一群のパズルがここにあるということをはっきり示しています。

ってわけだ。」

「そうだね、そういうふうに言いたいんなら、きっとそうなんだ。しかし、みなが個人的な言語を持っているんだ。」

……別の長い沈黙……

「そうじゃないか？」

「ううむ。よくわからない。あなたはこの〝個人的な言語〟をどこで学んだの？　それは、私たちの言語と同じ単語を持っているの？」

「えっと、そのことについてはこれまであまり考えたことがないな。そう。多分そうだと思う。少なくとも、私が自分に向かって黒色を見ていると言うときには、私は別に新しい単語をつくったりはしない。それをたとえば〝いろくろ〟と言ったりはしない。実際には（なんだか、混乱してきたぞ！）、私はまったくどのような単語も使うとは思わない――確かに、そうする必要はないんだ。」

「それじゃ、この言語は違ったことばではない、そして、言語でさえない可能性もあるってわけ？」

「ああ、確かに、私たちが母の膝の上で学んだ言語ではないよ。しかし、それは実際、とても単純なんだ。私は黒色を見る。それが黒色だとわかる。私は、これが以前に私が経験したことのある同じ種類のもの――クオリア――だと思い出す。もし、それをことばにしなけりゃならないとすると、私は自分に〝私は黒色を見ている〟と言うだろう。」

「そして、あなたが自分自身にそう言うときには、あなたが私に〝私は黒色を見ている〟と言うときにあなたが私に伝えるであろうこととは何か違うことを伝えていると、そう言うんだよね。」

「そうだよ。」

「それじゃ、何が違っているの？」

「すでに言ったけど、ある場合には、私は活字そのものについて話をしているけど、他の場合にはそれをどのように見ているか――活字についての私の経験であるクオリアと言ってもいいね――について話している。」

「だけど、私たちはそんなクオリアが存在するのかどうかわからない。それらが存在するか明らかにする実験を行うことさえできない。だとすれば、いったいなぜクオリアに言及するんだい？　母の膝の上で言語を学んだときになぜ戻らないの？　黒色を見たとき、母親は言った、〝これが黒色ですよ〟って。それで私たちはその色がなんて呼ばれているか、習ったんだ。簡単じゃないか？　その上、私たち三人は同じ本の同じ絵を見たからそう習えたんだ。こうやって、私たちは同じ言語を使うようになったんだ。もし、私たちがフランス人だったら、“noir”と言っただろうし、日本人だったなら〝くろ〟と言っただろう。しかし、私たちは結局、誰だってできるように、黒色を見たとき、見たものを伝えることができるようになる。同じように、赤色、緑色、青色、そして私たちが自身の言語によって言い分けられる他のすべての色についても、その色を見たときに、見た人がそれについて話すのを理解するようになるわけだ。母親は私たちにクオリアが見えるかどうかなんて聞かなかったよね！」

「そうだね。しかし、彼女は科学についてあまり知らなかったよ。」

「ちょっと待ってよ。これは科学ではないよ！　私たちが話しているのは、クオリア、感覚印象、あるいは何とでも好きに呼べばいいけれど。それについて、実験的な証拠を得ることはできないっていうことはお互いに同意していると思うけど。あなたは、言語ではない言語、あるいは〝私は黒色を見ている〟と私に言うときに使うのと同じ言語で、そういうクオリアを見ることについて自分自身に伝えているわけだし、私たちは、私の頭の中にあるのと同じ種類の物質以外の何かがあなたの頭の中にあると言ってるわけじゃない。そうするとこの〝個人的な言語〟のどこが科学なの？」

「そうだね、私は確かに、世界についての一つの特異的で哲学的な見方について話しているってことは認めるよ。しかし、私はまた、科学的研究を行うために必要なある種の哲学的信念があると思うんだ。神経プロセスの結果として何か――クオリアでも何でもいいけど――が生成されると考えずに、どうして心と脳の問題を研究することができるだろう？　大変なことだけど、これは神経科学にとってもっとも重大な挑戦なんだ！　これが無駄骨だなんて言わせないよ。」

「まあね。だけど、もし私が正しければ、あなたは問題を持ってさえもいないよ。私たちがここで議論していることは、心と脳の問題ではまったくないと思うよ。」

「何だって?!」

「そうさ、あなた次第さ。もし、あなたが問題だと考えるのなら、それは問題だ。しかし、おそらくその問題はあなたが考えている道筋でのもので、科学としての問題ではない。考えてみてよ。あなたは、私たちが実験的証拠を出すことができない現象について研究しようと提案しているんだ。それには、個人的な言語が必要だ（そして、言語は情報の伝達のためだと思ったけど！……ばかだな、私は！）。あなたの言っていることは、二元論の現代形につながってゆくように思えるけどね。二元論は、ヒトとしての私たちについて知ろうと科学が追求していることとは相容れないと思うけどね。」

「カレーを食べに行った方がいいようだね。精神的事象と物理的事象のあいだの関係について、あなたがどう思っているのかを、私に説明しないといけないね。」

アジズのレストランで

この小さな本に書かれていることの多くは、おいしいインドカレーを食べながら構想されました。すばらしい香りのラム・クルシを食べながら、この議論を続けましょう[5]。ただし、会話形式は終わりにします。

生理学者たちは生体を研究します。それには神経系や脳も含まれています。これらの特定の研究対象は、私たちの世界では特殊な位置を持っています。にもかかわらず、脳を形成している蛋白質とそのほかの分子は、体の他の部分のものとほとんど違っていません。ほとんどの場合、それらは同一です。そして、違いがある場合でも、それは特に神秘的なものではありません。

5　第2章のビストロのオムレツのように、マトンの足一本まるごとは統合主義者と還元主義者の論争に重要なメッセージを持っています。ラムあるいはマトンの足一本まるごとのカレーにも、他のカレー料理で使われているのとまったく同じスパイス、ヨーグルト、タマネギ、ニンニク、油、そして肉が使われています。しかし、足をまるごと使った料理は、通常の、部分に切り分けた肉を使ったカレーとは比べ物になりません。それは統合された全体として料理され、「還元主義者」版とは全然違うカレーとなります。

ナトリウムイオンとカルシウムイオンの交換のプロセスを考えてみましょう。多くの細胞にはこのような機能を担っている蛋白質が存在します。それは一般的に *ncx*（ナトリウム-カルシウム交換 Na-Ca exchange の略）と呼ばれます。眼では、これは関連する蛋白質に取って代わられ、光受容器細胞のカリウムイオンも輸送します。これには理由があります。光受容器がうまく機能するためには、関連する細胞で細胞内カルシウム濃度がとても低くなっていなければいけません。つまり、カルシウムイオンをそれらの細胞からくみ出すか、あるいは別の手段をとって、細胞内外のとても大きなカルシウムの濃度勾配をつくる必要があります。機能する蛋白質の変更は、この効果をつくるのに役立ちます。

もちろん、別の遺伝子がこの特別な *ncx* 蛋白質をコードしています。同様に、脳と心臓で発現しているナトリウムチャネルは異なります（あるいは、少なくとも、種々のチャネル蛋白質の発現レベルは異なっています）し、それらは違う遺伝子によってコードされています。しかしながら、神経生理学者や他の神経科学者が脳と神経系の特別の特徴について述べるときには、彼らはこういう専門的な分子の違いの性質を通常考慮に入れません。彼らが考えているのは、意識の問題です。

これを明らかにしてゆくには、多くの方法があります。私たちは、精神-脳の問題と関連する種々の課題について語ることができます。種々の課題とは、伝統的に哲学の分野の範疇であると捉えられてきた諸問題と大きく重なっている、あるいは哲学の問題そのものであると考えられてきた課題です。これは、まだまだ議論の多い領域です。ある人たちは、神経科学はヒトの重大な哲学的神秘を解きつつあると見ています。なぜ私たちには意識があるのでしょうか？　自己があるのでしょうか？　私たちは自由意思を持っているのでしょうか？　神経科学者ばかりがこれらの疑問に魅了されるわけではありません。分子生物学者、素粒子物理学者、天文学者、数学者などもみな、意識と心の問題に取り組むようになってきています。これを探究しようとしてきた学問の名をすべて書き出したら、この本くらいの厚さになるでしょう。

したがって、この章の冒頭の対話のように、これらの問題は本当には存在しない、あるいは存在するとしても、それは多くの著者が描いたようなものとはずいぶんと違ったものであると示唆するのは、衝撃的に思えるでしょう。読者のなかには、前の章で私が示した計算よりももっと衝撃的に思う人もいるかもしれません。もう少し我慢してください。

私たちには意識があります。機能する脳なしには、そうであることはできません。したがって、私たちは脳の中に意識があると考えています。脳は、体のドラマが提示されている劇場であると見なされています。複雑な神経のプロセシングの最終結果を「見る」「私」（英語ではＩ（私）は、眼を意味する eye とだいたい同じ発音です）が、あたかもいるように思われています。これが、人によってはデカルトの劇場と呼ぶもので、脳と心についてのデカルトの二元論哲学に由来しています。

これらのさまざまな結果は外部世界の「地図」と見なされています。この視点に立つと、「私たち」は世界を直接見ているのではありません。そうではなくて、「私たち」（「私」）はこれらの地図を解釈するのであって、私たちは世界を直接見ているという幻想を持っているということになります。事実は、「私たち」が「見る」、「聞く」、「嗅ぐ」のは、ある種の表象――「クオリア」のようなもの――だということになります。

人びとがこのように明確に考えるかどうかはさておき、仮定していることは視覚のクオリア、聴覚のクオリア、などがあるということです。したがって、「脳の劇場」は「総合的な経験！」であり、もっとも偉大なオペラ劇場なのです。それで、もし私がシューベルトのピアノ三重奏を聞くとすると、私の経験は聴覚クオリアの連続か、あるいはおそらく単独のクオリアとなります（私はこれがどうやって分割できると考えられているのか、まったく理解できないでいます）。対照的に、現実の出来事は、私の部屋の中の音の波です。その音の波は複雑な器械を使って物理学者によって測定できます。シリコン人は結局正しかったのです！

ここには少なくとも三つの問題があります。第一は、「私」はどこにいるか、あるいは何なのか、ということです。第二は、外部世界の地図というのはどこにあり、何なのかです。第三は、これらのものは、クオリアよりも少しでもましに批判的な解析に耐えうるだろうかということです。

こういう疑問に対する伝統的な西洋の哲学的見解は明快です。それは、「私」、自己、心、魂というものが存在すると仮定します。これは、脳に依存しているとしても、それからは分離したものです。この見解は、20世紀の著名な神経生理学者であるチャールズ・シェリントンやジョン・エックルスらによって、デカルトのような哲学者から継承されました。

より最近では、神経科学者たちはこの見解を否定し、さまざまな形での「脳が自己である」という考えを好んでいます。デカルト派の見解は、ある特殊な精神-脳の相互作用という点から見ると、妥当に思える場合があります。しかし、これが問題なのです。もし、このデカルト派の見解が必要でなければ、すべてはもっと単純でしょう。それで、人びとは当然のこととしてゴルディアスの結び目

（ほどくのが難しいので、アレクサンダー大王は刀で切断したという）を切ってしまい、脳の神経活動が「自己」であると単純に言ってしまいます。

もし、それが充分複雑であれば、この神経活動が私たちの感覚受容も含めて意識を「産生する」と彼らは言います。インスリンの分泌は膵臓の特徴です。ペースメーカーリズムの形成は心臓の特性です。そして、同じように、意識は関連のある神経回路網の特性だ、というわけです。これはどうでもよい主張ではありません。それは重大な結果をもたらします。たとえば、人びとは、死亡したときに自分の脳を急速冷却できれば、いつかは同じ人として甦らせてもらえるかもしれないと考えています。このような考えはまた、コンピュータシミュレーションがかかわるすべての種類の難問へとつながってゆきます。コンピュータは意識を模倣できるでしょうか？「意識がある」という状態であるためには、何をしなければならないのでしょうか？

このアプローチは、神経科学者やある種の哲学者のあいだの現代のある種のコンセンサスを示しています。しかし、それには種々の困難があります。どのようにして、「個人的な言語」の議論に陥ることなく、その考えを公式化できるでしょうか？　この概念がクオリアより少しでもよいようには私には思えません。

これらの困難を完全に解きほぐすには、とんでもない長さの本を書く必要があるでしょう。これらの問題は、とても深く私たちの言語と絡み合っているので、解きほぐすのは非常に困難です。たとえば「考えてみなさい！」と言いたいとき、「頭を使え！」と言うでしょう。幸運にも、私はそのような本を書く必要はありません。すでに他の人がそのような本を書いています（Armstrong, 1961;

Bennett and Hacker, 2003; Cornman, 1975)。しかし、本質的なポイントをまとめるのは意味があるでしょう。そのためには、これまでの話の進め方が役立つでしょう。

行動と意思 —— ある生理学者と哲学者の実験

「自己」が脳そのものである、あるいは脳の中に存在するという考えを認めた、としましょう。そうすると、「〝私〟はどこにいるのか？」という疑問に直面します。ひとつの答えは、意思の形成されるところであれば脳の中のどこであってもかまわない、というものです[6]。そのスポットを見つけられると想像できますか？　あるいは、それを担う神経回路網を同定することさえ想像できますか？　それは広範囲に広がっているかも知れません。「私」は神経回路網として同定されるのでしょうか？　この考えを、具体的な例を通して、追ってみましょう

ここに私がいます。この本を書いています。それが、中断させられます。誰かが部屋に入ってきて、何かがどこにあるかを問います。私は書くことに夢中なので、ことばでは答えません。その代わりに、部屋の中のその目的物を指差します。これは意識的な行為のひとつの例です。次に、ひとりの生理学者を想像してください。彼は、この行為に関係する筋肉と神経の連絡を研究します。手をあげることと、指でさし示すことです。彼は、彼が見るところ、関係する動きすべてについての完全で充分な説明に到達します。

この解析はおそらく段階的に行われたでしょう。まず、腕をあげることに関与する一般的なメカニ

ズムを理解する必要があります。それから、何かを指差すための準備行動を形成する特定の動きを追うため、この理解を精緻化します。最後に、その生理学者は、指差しに関与する微妙な動きを解析することができます。

そこから進んで、関係する神経生理学的装置は神経系のある小さな部位、たとえば運動野のある特定の部位を刺激することで働き始める、というようなことまで、彼は見いだすかもしれません。あるいは、パターン化された順番で、いくつかの箇所を刺激することでそれがなされうる、というようなことかもしれません。この段階で、間違いなく、彼はとても満足します。彼は「指差し行為の神経生理学的基盤」についての論文を書く用意ができています。

彼が論文を公刊すると、ある哲学者がそれを読みます。彼女は、その論文は、少なくとも用語法が不正確であり、悪くすれば、主要概念の区別が完全にできていないことに気づきます。論文は次のように結論しています。「われわれは、指差し行為の完全な生理学的説明を得た。」彼女が反応したのは、「行為」ということばの使用です。後に彼女がその生理学者に会ったとき、彼女はそのことを指摘します。「あなたは、指差し行為について説明していません。」「あなたが説明したのは、特定の動き、もしくは一連の動きの神経生理学的基礎です。その一連の動きを順次精緻なものにし、それが指差し

6　もし、読者のみなさんが、この本の根底にある考えをよく理解されていたら、すでにアラームベルが鳴っていることでしょう。意思が脳によって「造られる」と話すこと自体がすでに罠にはまっているのであって、それは何世紀にもわたって、特定の方法で精神と脳の関係について考えてきた言語によって用意されたものです。

行為のあいだに私たちが外的に観察することと対応させたのです。しかし、あなたはその動きを、**行為としては**説明していません。」

生理学者は虚を突かれました。彼は哲学者たちがこの種の区別を行うことを少しは聞いていました。彼は何となく、行為ということばが、行動をさすとき日常使うことばに関係するものと思っていましたが、それは、関連する動きを生み出す神経経路を彼が正しく見つけられたかどうかにほとんど関係ないのは確かです。

その生理学者の立場は暫時的な還元主義者のものです。「暫時的」というのは、彼のアプローチが純粋に神経生理学的事象の観点から、彼の説明でどこまで行けるかというものだからです。そして、もし彼が指差し行為を引き起こす観察可能なすべての動きを充分に説明できたとすれば、確かにもう説明すべきことは何も残っていません。あるいは、その哲学者はそれとは異なる神秘的な力の存在を仮定しており、それが、生理学者から見れば**まったく同じ指**の動きであっても、指差し行動だと言われるときには働いていると言うのでしょうか？　もちろん、そうではない、と彼は思います。もし、関係する筋肉の動きにおける目に見える効果以外のこのような力についての明確な証拠がないのであれば、検証することのできない仮説を進めることになるでしょう。そして、もしその考えが正しいとしても、目に見える出来事に伴うと言われるこれらの力やいかなる精神的な事象も単なる付帯現象ではないということ、神経科学という現実の出来事への単なる付け足しにすぎないのではないということを、どうやって知ることができるでしょうか？　彼は事実、意識や精神的事象一般は、このカテゴリーに入るのではないかと思っています。

哲学者は、一つの否定しがたい事実から出発している、と答えます。普段の会話では、それに伴う行動や責任の一切の前提として、私たちは動きと行為とを区別する必要があるし、そうしています。いま関心のある動きがある文脈の中で起こったときにはじめて、ある特定の行為が起こったと言うことができます。文脈は、ある**行為**をある**主体**に帰属させるのに必要な種々の条件によって決められます。すなわち、その主体は指差そうと意図した、ということです。すべての行為が意図を必要としているわけではありません（ひとは無意識に行動することもできます）が、ある動きが行為として記述されるためには、意図されたものであるということが一つの判断基準と見なされるでしょう。その哲学者はこの点を例示してみましょうと申し出ました。彼女が要求したことは、その生理学者がその実験の被験者となることを承諾することです。それで初めて、その実験がうまくいったかどうかが判定できるのです、と彼女は説明しました。

それで、生理学者の指図に従って（これを行うのに技術的な難しさはまったくないと思います）、彼女は生理学者の適切な場所に電極を配置し、その論文に書いてある方法で刺激しました。その生理学者の腕は動き、手は指差しました。哲学者は生理学者に何が起こったかを言うように求めました。

彼は答えました。「そうですね、わかりました。この動きは私に押しつけられたもののように感じました。それは、外見は指差し行動と何ら違いはありませんが、**私**は指差してはいません。したがって、私の電気生理学的刺激パターンは指差し行動に必要な**すべての**脳の状態を再現してはいないということには同意しましょう。しかし、もしこれがあなたの主張の基礎であるならば、それは単なる引き延ばし作戦のようなものです。もし、時間をくださるなら、私は全体像を解き明かしましょう。私の刺激パターンが模倣している一連の神経状態が起こる前に興奮させられている神経経路を、私は同定しましょう。あなたはそのような神経活動があることについては、議論なさらないでしょう。最終的には、ここでの動きを生むだけでなく、無理矢理動かされているという感情を私に抱かせないパターンが見いだされるに違いありません。もしうまくいけば、〝自分〟、すなわち意図する〝私〟の神経基盤を突き止めることができるでしょう。」[7]

困惑しているのは、今度は哲学者でした。彼女は、何よりもまず、この論点をあたかも実験的に決定される実証問題のように提示してしまったことで、自分の観点から見ても、明らかな間違いを犯してしまいました。要は実際問題として、意図的に行動するときには、私たちはそれを**知っている**ということです。そのことを知るために脳の状態を研究する必要はありません。そういうわけで、この話の主人公たちは互いに当惑したまま別れたのでした。

レベルが違えば説明も異なる

この話の文脈の中では、議論を解決することは困難です。生理学者は神経回路網とその活動を好きなだけ解析することができ、最終的には、意図的な行動を「引き起こす」、つまり、その動作主に「彼」が行動しなかったという感情を与えない神経パターンが見いだされるに違いないと考えたことは正しいに違いないと思われます。

ここで哲学者は、私たちが意図的に行動するときには、ある神経回路網が活性化されるはずだということを否定はしなかったと仮定しています。彼女はデカルト派の二元論者ではありません。必要とされる神経活動のパターンを決定することはとてつもなく難しいでしょう。そして、それを再現するのはもっと困難でしょう。しかし、これは概念的な困難ではなく、技術的なものです。しかし同様に確かなのは、哲学者の実験的検証が間違いであったと気づいた点で、彼女は正しかったということです。ある動きを再現することは、必ずしもある行為を再現することではない、ということを示すという限定的な目的においては成功しました。しかしそれは、問題となっていること、行為と動きのあいだの区別が実証的なものであるという印象を与えました。そうではありません。その区別は概念的なものなのです。

私たちは、自分が、少なくともときどきは、意識的かつ合理的に行動していると思いたいものです。果たしてそうでしょうか？　どうやってそれを決めるのでしょう？　これは純粋に実証可能な疑問でしょうか？　もちろん、そうではありません！　議論は、基本的にきわめて単純です。私たちは、理路整然と、自分自身の合理性を否定することはできません。そうでなければ、どうして私たちは、自分が口にすることを言おうと思い、あるいはそれを言うことに確信を持てるでしょう？　まさに精神的に病気の人たちという悲しい場合には、確信が持てなくなります。こういう人たちは、自分の非合理性に気づいてはいるのですが、それでもどうしようもないのです。

私たちが本当に、合理的行動を分子、あるいは細胞の因果関係にまで「還元」することに成功した

7　これはそれほど突飛な考えではありません。意図的な行動に先行する神経活動を同定しようと試みたこの種の実験が、現実に行われています。

と想像してみましょう。その場合、その行動をすることで実際何をしたのか、意味のある形で言うことはもはやできないでしょう。いずれにしても、このような疑問が生じることはありません。そのような「還元」は考えることすらまったくできないのです。私たちは、合理的であるとはどういうことか、そしてその能力を失うとはどういうことであるのか、を知っています。そのような知識は、たとえば私がこの本を書いているあいだに、特異的で、原因として充分な神経の状態と種々の相互作用が存在するかどうかという問題とはまったく関係ありません。もちろん、それらはあるのです、だからどうだというのでしょう?

もし、私たちがそれらを見つけることができたならば、考え、そして書き物をしているときに私の脳がどのように働いているかということについての完全な説明となるでしょう。しかし、だからといって、「私」がどこにあるのかを発見することにはつながらないでしょう。また、私が何をしており何をしようとしているのかを知るために、「私」が自身の脳の状態に尋ねる必要もまったくありません。

これは、科学における反還元主義の主張をよく示しています。一つのレベル(階層)でのメカニズムについての完全な説明が、より高次のレベルに何が存在し、何が起こっているのかを必ずしも説明するわけではありません。実際には、関係しているいろいろなメカニズムに対する入力となっている低次のレベルのデータを説明するためには、より高次のレベルについて知る必要があります。これは第4章と第5章で学んだことのひとつです。いまの問題に、これまで学んだことをどのように当てはめることができるでしょうか?

その生理学者が犯した間違いは、私の指差し行為の基礎となった、それに先立つすべての因果的相互作用をたどっていくときに、純粋に脳の内側だけで研究しようと考えたことです。私が指差したものが何かを問うだけで、その過ちを理解できるでしょう。

犬に散歩させる必要がありました。誰かがその犬を散歩につれて行こうと思いました。ただ、引き紐はどこにあるのでしょう？　これが、文脈です。

明らかに、私の指差しを**行為**として説明するためには、社会的な文脈を考慮に入れることが必要です。それには、私の行為が「犬の引き紐があるところを示す」ことであったと言うことが妥当であるような意味論的な文脈が含まれます（これは、言語学者が意味論的枠組《セマンティック・フレーム》と呼んでいるものです）。一方、文脈を与えられれば、私の行動をどのように説明するかという疑問は些細なことです。私ばかりでなく、私に聞いた人も直ちにそれを理解しました。そして、その犬も、直ちに「散歩」に行けると期待したでしょう。

しかし、これらすべては神経学的にも「表現」されないのでしょうか？　私の脳の中に、これらの相互作用と文脈のすべてを「示す」種々の地図はないのでしょうか？　そして、神経生理学者たちがそれらの地図を見つけることは確かに可能なのではないでしょうか？　この考えをまず認め、どうなるか見てみることは有用です。私の脳の中に、本当にそのようなさまざまな地図、外の世界の表象、そして社会的文脈があるものと仮定しましょう。そうしたときに、いったい誰が、あるいは何が、これらの表象を参照するのでしょうか？

その答えは自明かもしれません。「私」がするのです。しかし、忘れないでいただきたいのは、私たちは（少なくとも、先ほどの話の生理学者は）、その「私」を見つけることを最終目標としています。このような思考によって私たちが気がつくことは、その「私」がどんどん先送りされていくことです。神経回路網をたどっていたのでは、決して「私」を見つけることはできないでしょう。外の世界の表象をいつも「見ている」別の神経システムを想定しないといけないでしょう。

この章の冒頭の題辞に示されているように、そのような場所を捜そうという誘惑は非常に強いものです。意識が脳のある部分の特性であると考える人は誰でも、それを見つけようとフランシス・クリックに従うに違いありません。しかし、これはまったくもって、大変奇妙な努力です。そのような部分は私の脳や神経システムの中にはない、あるいはありえない、と私は思います。ここで起こっていることは、哲学的難問に私たち自身が縛り付けられてしまっているということです。クオリアのような、私たちが支配されている哲学的な条件づけの結果としてのみ存在していると思えるものに悩まされているだけなのです。私たちは自身を混乱させています。

これらの混乱がどれほど深く根をはっているかは、注目に値します。脳のどこかに外的世界の表象[8]があるに違いない、そしてその場所とは別のところに、これらの表象を「見ている」「自分」として同定できる神経システムがあるに違いない、という考えに、私たちはとても深くとらわれています。これは、先に述べた個人的な言語の議論のもうひとつの形です。この意味での「私」は、クオリアと同等に不必要なものにしかすぎません。そして「私」に言及することは、同じような哲学的難問をつくりだすことになります。

自己は、神経細胞のレベルの対象ではない

私たちは脳を分割し、そのある部分が「私」に外の世界を見せる「劇場」となっており、またある別の部分がその上演を見つめる「私」であるというようなことを言うことはできません[9]。このような考えは、異なる事象が存在しているレベルのちがいを混同しています。

問題は、この考えは無限回帰となることばかりではありません。「私」あるいは「あなた」は、脳と同一のレベルの事象ではないということでもあるのです。「私」あるいは「あなた」は、脳が対象物であるような意味での対象ではありません。私のニューロン、脳、そして体の他の部分が対象物で

8　ここで用いられている意味での表象、あるいはマップは、繰り返された神経活動の結果として形成された結合の単なるデータベース以上のものでなければならないということを理解することが重要です。マップの基本的な特徴は、誰かがそれを妥当に解読することができるということです。誰も、私でさえも、このようにして私のニューロンの状態を解読したりはしません。たとえば、もし私がギター曲を弾くとすると、確かに、神経回路が活動的になり、私が器用に演奏できるようになるわけです。しかしギターを弾くのは、私のマップではありません。関係する指の動きも含めて、ギターを弾いているのは私なのです。

9　もちろん、生理学的観点から脳を機能的に分割するにはいろいろな方法があります。たとえば、感覚、運動、そして連合野などです。損傷脳、分離脳、そして脳スキャンを使った研究で、機能をさらに分割することも可能です。私は、**生理学的**機能を脳のいろいろな部位に特定することに反対しているわけではありません。ここでの議論は、「自己」を脳に、あるいは脳の一部分に同定することに、特定されています。

あるようには、「私」はどこにも見つけることはできません。これは「私」がどこにもいない、という意味ではありません。私が生きているかぎりは、「私」は私の体全体にあることは明らかです。私の体がもしイギリスにあれば、「私」はイギリスにいます。もし体がフランスにあれば、「私」はフランスにいます。

これはレベルと存在論の問題です。この種のことは、第5章ですでに触れました。そこでは、心臓のペースメーカーリズムが細胞のレベルより低いところに存在すると言うことが意味をなさないと検証しました。心臓リズムを発生する分子の振動子などは存在しないのです。そうではなく、細胞レベルでの多様な蛋白質の相互作用によって、この統合的な活動が生み出されています。

ペースメーカーリズムの場所を、細胞以下のレベルや分子のレベルに同定することはできません。しかし、心臓全体の中の特定細胞のレベルで同定するのには、何の問題もありません。私たちは、心臓のペースメーカーについて述べるということがどういうことかを知っていますし、解剖学的に同定することができます。細胞のレベルより下のレベルではそれを見つけられないという事実は、関係のないことなのです。

ある特別な生物学的機能、あるいは実体があるレベルで存在しないとしても、それがまったく存在しないということにはなりません。いったん、必要とされる説明レベルを移行すれば、それを同定するのはきわめて単純なことです。その実体が存在すると言える文脈を見いだすように、レベルを一つか二つ上がったり下がったりするだけでよいのです。統合的システムズバイオロジーの重要な目標のひとつは、種々の機能が存在し稼働しているレベルを同定することです。脳の場合には、これを行うことは非常に難しいでしょう。しかし、それでもなお、それは可能であり、必要なことなのです。

さて、もう一度、先ほどの神経生理学者に話を戻してみましょう。行為を意図する「私」の神経生理学的基盤を見つけるという希望を持って、彼はさらに神経の結合と活動パターンを追跡しようとしていました。そのレベルで彼が見つけるであろうことは、第4章で見た「組み合わせ爆発」のようなものでしょう。犬の引き紐を指差すケースには、私の行動が妥当である文脈から生じてくる膨大な数の条件（たとえば、神経とシナプスの状態）が含まれています。

神経のレベルにおいては、未だ解明されていない条件の組み合わせがあるでしょう。また、たとえそれらをすべて同定できたとしても、そのレベル（つまり、神経細胞やシナプスなど）では、常にまだ説明されていない条件の組み合わせがあり続けるでしょう。説明は適切なレベルでのみ可能なのです。いまの場合には、犬の引き紐について話すことが妥当であるレベルにおいて可能なのです。

さらには、たとえ、かの生理学者が私の行動に関係するすべての条件を明らかにできたとしても、これらの諸条件は、外の世界と他の人たち、そしてこの場合には私の犬の状態に関係する多くの他の条件と混合されているでしょう。そして、どの条件がどれと関係しているかを示すことはできないのです。これが、条件の「組み合わせ爆発」で起こることです。そして、これが起こるときには、説明を行うレベルを移動することが必要となります。

これらの状態がすべて、私の脳の中にマップされていると考えることは、まったく妥当ではありません。生命が機能するのに関連ある化学的諸特性のすべてがゲノムにコードされているに違いないということについても同様です。ゲノムも脳も、それらは全体としてのシステムが使うデータベースであるということを認識する必要があります。それらは、システムの行動を決定するプログラムではありません。そしてどちらに対しても、自然はとてもけちで、データベースに必要なものを充分には用意していません。それは、部分的データベースと言うべきもので、網羅的なものではありません。

音楽家が彼の楽譜ライブラリーを利用する場合を考えるとよいでしょう。時によって、楽譜はその音楽家が持っているもの以下であり、またそれ以上でもあります。

楽譜はそれ以下です。なぜなら、第3章のオムレツのレシピのように、音楽家が知っていることの多くが五線譜には明確に書かれていません。もし、すべての音楽家が明日死に絶えてしまい、音楽の才能ある人材を再び育てるのに幾世代もかかるとすると、五線譜だけからその文化を再現するのは大変困難でしょう。たとえば、いまとはとても違う記譜法を使っていたフランス南部の叙情詩人の地中海音楽の再現を試みたときに、実際、この種の困難を私たちはすでに経験しています[10]。それは、絶滅した生物体を、完全に機能的な母方の細胞も子宮に相当する物もなしに、ゲノムだけから再現するようなものでしょう。

同時に、楽譜は音楽家以上でもあります。なぜなら、音楽家のライブラリーのすべてが彼の頭脳に蓄えられているわけではないからです。彼の技量と知識が音楽ライブラリーと相互作用することによって、彼が演奏する広範な音楽が生まれるのです。

冷凍された脳

ある人物が彼あるいは彼女の脳によって同定されうるという考えは、いまでは私たちの文化に深く根付いています。これから逃れるには、衝撃が必要です。でも、試す価値があります。

体への障害では少なくとも「自己」は保持されますが、脳への障害は、もちろん自己の統合性が危険にさらされる可能性が高いでしょう。このことから、ある意味で脳のある部分が「自己」であるに違いないと考えられています。もしその部分が機能的であるかぎり、自己も機能的です。しかし、必要であることと充分であることのあいだには区別があります。脳は明らかに、機能する自己があるために必要です。しかし、それは充分なのでしょうか？

さあ、補足的な実験をしてみましょう。体の脳以外のパーツを順々に取り除いていくと考えてみましょう。もし眼を取り除けば、私たちは盲目になります。もし耳を取り除けば、聾になります。これは、私たちがいま想像したことによって深刻に傷ついた「自己」です。しかし、本質的な「自己」は残っていると言えるということに、ほとんどの人が同意するだろうと思います。もし眼も耳も取り去ってしまうと、聾で盲目になります。能力は非常に障害されますが、それでも、自己はまだ確認できます。

10 現代の例は、日本の能音楽でしょう。経験を積んだ能役者が解釈するには充分な記述がありますが、多くは伝統によっています。その伝統は、いくつかの役者ファミリーによって口伝されてきたものです。能役者がその最盛期に達するまでには、30年もの年月がかかります。

今度は、触覚に不可欠な皮膚と体の部分すべてを取り除いてみましょう。もちろん、そういう人の例はありませんが、このような状態でもまだ、機能する「自己」があるでしょうか？　そのようなことはないように思えてきます。感覚を失った状態を考えてみましょう。防音室で、光もなく一定の気温の状態の中で動き回っています。すぐに、自分が崩壊しだしていることに気づきます。

　このプロセスをさらに進め、手足の麻痺を追加し、唖になってしまうとしましょう。こうなると、私たちは盲目で、聾で、唖で、感覚もなく、動くこともできず、しかし、脳には血液が供給されていて「処理」している、こんな状態の人間となります。これは、血液が灌流されているポットの中の一袋のニューロンです。能力ある「自己」が残っていると、本当に思えるでしょうか？

　ここでは何が起こっているのでしょう？　脳は完全に体から切り離されています。この時点で、意識あるいは「自己」ということに関する疑問は正常な意味を持たなくなります。それについてのどのような疑問に対しても、答えうる実験を考えるのは困難です。脳はそれだけでは、意思をやりとりすることはできません。意思のやりとりができないものに意識を帰しても、意味を持ちません。

　それは明白なことではないでしょうか。それでも、死ぬときに脳を冷凍すれば、将来いつか同じ人間として生き返ることができるかもしれないという考えに、人びとは大金をはたいています。

生き返る自己？

　しかし、もし「私」が身体移植を受けたなら、確かに「私は」「自分」として生き返ることが可能かもしれません、あるいは、「私」が誰か他の人に移植「脳」を提供すると言うべきでしょうか？　どう言うにしても、「私」は私の脳に従うのであって、その反対ではない、のでしょうか？

　これについてもっと詳しく検討してみましょう。もし、取り出された脳を新しい体に再びつなげることができたとして、何が起こるでしょう？　脳の冷凍、解凍、再結合、このすべてが技術的には可能であると仮定しましょう。結局どのようなことになるでしょう？　この「生き返った」自己は、いったい誰なのでしょう？　それは以前の自己と同じなのでしょうか？

　これと、体の一部を移植臓器や人工器官と交換することとの違いは何でしょうか？　あるいは、質問を逆にして、脳移植と、たとえば心臓移植との違いは何でしょうか？　「自己」は脳についていき、体の他の部分にはついていかない、ということなのでしょうか？

　その質問に明確に答えられるかどうか、私には確信が持てません。このような外科的な処置を伴わない場合でも、たとえば、向精神薬の投与によって起こる体内の化学反応でさえ、患者に自分が未だに「自分自身」であるのかどうかを問わせる状態にすることができます。これは、たった一種類の薬物で起こりえます。ここでは、私たちは、何千もの「薬物」について話しているのです。というのも、体とその血液の化学――循環しているすべてのホルモン――は、もともとの体のものとは異なっているでしょうから、個性の変化は大変なものでしょう。私たちはこのような人とどのように関係すればよいのかを知るのに、大変困難を感じることでしょう。

　なぜかを理解するために、次の思考実験をしてみましょう。そう、25年前に死んだ「母親」が、若い少女のようになって戻ってきたとします。彼女は、まったく違った身体的特徴を持っているし、彼女の新しい体は違うホルモンバランスと違う遺伝子発現を持っているので、大いに違った性格となっています。それでも、「彼女」は、母親がかつて覚えていたことを覚えていると主張します（正しく）。なんと言うべきか、私にはよくわかりません。まだ生きている年老いた父親は、どう考え、何をしたらよいか、ほとんどわからないでしょう。私たちは、こんなことを言うかもしれません。「あなたは、私の母に起こった多くのことを覚えています。しかしそれ以外は、あなたは私の母のようには見えませんね。」さらに、「まるで私の母の記憶があなたの中に移植されたかのようです」とさえ言うかもしれません。その人が「しかし、本当に私なのよ！」といくら強く主張しても、そう感じると思います。いったい全体、彼女の言っていることはどういうことなんでしょうか？　それは、一個の単位としての「自己」がどこにあるか、あるいはどこに行ってしまったのかと問うような単純なことではありません。おそらく、その一部はここに、他の一部はあそこに、多くの部分は変化してしまっており、さらに、残りの部分はもはや存在していない、ということになるでしょう。

　もちろん、これはほとんど科学フィクションの世界の単なる思考実験です。しかし、私たち自身の経験から、その意味するところを垣間見ることができます。ほとんどの人は、自分に正直であれば、自分が誰で、どこにいるのか、と問わざるをえないという、自分を見失ってしまった経験があると思います。ときどき、夢から覚めかけようとしているとき、自己が再びぴたっと一致する直前、それが分解してしまったような感覚を持つ瞬間です。ある種の瞑想はこの状態を目的としています。欲望とか怒りといった自己に伴う悪い情念にもはや支配されないようにするために、自己を思うがままに解体し再構築することができるようになるためです。

私が言いたいことは、「自己」というものは一つの統合的な構築物であり、ときに壊れやすいものだということです。それはまた必要な構築物でもあります。それは、生命の音楽のもっとも偉大な交響曲のひとつです。しかし、この章で見てきたように自己の生理学的基盤について考えるとすれば、私たちの言語が働く根本的な方法について、再検討する必要があるでしょう。

　これらの思考実験はショックを与えることを意図しています。哲学的に言えば、これらの思考実験は、何ページか前に哲学者が生理学者に行った実験が直面したのと同じ問題をかかえています。その争点を、単なる実証的なものであるかのように見せかけるという危険があります。たとえそうであっても、実証的実験（現実のものであっても、想像上のものであっても）は、概念的な要点を伝えるのに役立つことがあります。これは特に、実証的と概念的とのあいだの違いを心にとどめておくことが難しい状況に当てはまります。簡単にことばの混乱に陥ってしまうときには、言語について考え直さざるをえません。

　ニューロンと脳の部分というレベルにおいては、自己、すなわち、あなたあるいは私、ということばで通常意味することは、ものというよりはプロセスのようなものです。あなたや私というものが、脳へのダメージ、あるいはいろいろな変化によってどのように影響を受けるのか、すなわち、自己の統合性がどのように傷つけられるのかと、確かに問うことができます。そして、もちろん、自己へのインパクトは、脳のどの部分が障害されるかによって違います。しかし、自己の在りかについての議論をするときには、私たちは一つの人格について話しているのです。そのような話は、人びとについて言及することが妥当な文脈に属しています。それを、脳の中での場所についての疑問へと変えてしまえば、意味論的混乱を起こしてしまいます。

私たちが人と呼ぶ生命の交響曲《シンフォニー》は、ただ単にオーケストラで個々の楽器を演奏することにとどまりません。そして脳の中には、デカルトのオペラ劇場はないのです。

第10章 カーテンコール――音楽家はもういない

拍子の一つひとつ、節《ふし》の一つひとつにえも言われぬ深みがあり、音楽を解するものには何のことばも必要なかった。

（禅の物語）

木星人

たとえば、木星の月の一つに、私たちとよく似た生命体を見つけたとしましょう。初めてその新世界を訪れた人類は、大方の予想を裏切って宇宙空間で「神」を発見したというメッセージを地球に報告します。彼らが見つけた人びとは、どこからどう見ても、大聖堂と言うべきものを持っていました。色鮮やかなローブをまとった「聖職者」がいます。生と死における節目には、精神的に重要な意味を持った儀式が行われます。彼らは、心理的に大きな価値のある特別な形式の「祈り」――瞑想――を行います。その宇宙飛行士たちは、喜びと苦しみの軽減を測定する高度な生理学機器を持っていました。さらには、新世界には聖典がありました！　しかも、膨大な数が。

地球では、大統領、国王、そして教会指導者などの代表者が集まり、宇宙飛行士たちにどのようなメッセージを送り返すか話し合いました。彼らはみな、次に何をするかという重要な問題に重点をおきました。できるだけ早く、彼らの聖典を読めるように、彼らと聖典について議論できるように、充分に言語を学びなさい！

宇宙飛行士たちがこの努力をするにつれ、彼らが地球へ送り返すメッセージはどんどん熱狂的になっていきました。「ここの人びとは、特に指導的な地位の〝聖職者たち〟は、本当に私たちと同じように考えます。すでに宗教的な文脈における重要な単語は確認済みで、私たちの言語の単語とほとんどぴったり重なります。」地球にいる人びとの熱狂は、この報告を上回るものでした。司祭（キリスト教）、ラビ（ユダヤ教）、アヤトラ（イスラム教）たちは先を争って、どのようにすれば宇宙飛行士たちがより深く掘り下げて、両者のあいだの神学の決定的な違いを知ることができるかについて、助言しました。司祭、ラビ、アヤトラたちは、宇宙飛行士たちに新世界の精神的指導者たちと中世スタイルの討論会を行うよう強く勧めました。

当然のことですが、飛行士のひとりが他の人たちよりはやくその世界の言語を習得しました。彼女は鋭く本質を突いた質問を始めました。公開討論を用意するのに先立って、彼女は何人かの木星人と毎日何時間も過ごしました。しかし、おかしなことが起こりました。彼女がより本質を突く質問をすればするほど、木星人たちの答えは不可解さが増すばかりでした。彼女は疑いを持ち始めました。あたかも、木星人たちがそういう質問自体を嘲笑しているように思えました。彼らは質問には答えず、「そのような質問の答えをどうしてあなたは知る必要があるのですか？」と問い返すばかりでした。

彼女は優秀なオックスフォードの哲学者でしたので、彼らの答えにウィトゲンシュタインの影響を感じていました。

それで、不安になった彼女は（大討論会の日は目前で、彼女はリーダーたちにその討議をどのように進行してゆくか、助言することになっていました）、別の方法を試してみました。それまで信仰に関するすべての木星人たちのことばに自動的に地球的な意味を割り当てていたのですが、哲学的な質問をする代わりに、それらのことばが本当に地球と同じような意味を持っているのかどうかを確認することにしたのです。

彼女は「魂」ということばから始めました。これは、地球では無宗教の人たちが「自己」と呼ぶものです。そして、彼女が見いだしたことは、地球的な意味では、それは存在しないということなのです！　それは、ものというよりプロセスのように思えました。「すべてのものは、常に変化する状態にある」と彼らは言います。彼らは動詞で話をしているようでした。名詞はほとんど使われていませんでした。

そこで次に、彼女は「神」ということばへと話題を進めました。彼女は彼らにニュートンとアインシュタインについて述べ、地球人が宇宙物理で理解していることについて話しました。彼女は、それが木星の科学とまったく一致していることを見いだしました。彼女は、地球では多くの人たちが、このすべてを掌握している「神」と呼ばれる何ものかがいると思っていることを説明し、種々の法則が生命の進化にちょうどよいものであることを神が保証していると述べました。この時点で、彼女は木星人たちがそのような概念を持っていないことを悟ることになりました。

物事はただ「ある」のです。木星人たちは創造者を必要とはしていません。人格としての「神」は存在せず、彼らの信仰を創ったものは神ではありません。したがって、宇宙飛行士たちは、最初に彼らの言語の「神」ということばを創造者という概念だと解したために、大きな間違いをしてしまったのでした。彼女はいま、そのことばが統合された「精神」、あるいは何かの「本質」とほとんど同じ意味であることに気づきました[1]。すべてのもの、たとえば一個の石でさえ、そのような神を宿していると木星人が言うことに気づいたとき、彼女はこのことを理解しました。

いま、彼女はパニックに陥っていました。彼女が発見したことは、地球上の多くの人が大きな啓示だと期待していたものの中心に、ぽっかり穴をあけるものでした。しかし、科学者としては、彼女は喜んでいました。「とうとう、私は道理にかなった精神の扱い方を見つけることができたわ！」と彼女は言いました。

さて、私たちはこのような体験をするために、宇宙飛行士たちが木星の月へ行くのを待つ必要はありません。これは、西洋の伝道師たちが、仏教に初めて出会ったときに発見したこととほとんど同じなのです[2]。

自己と脳についての見方における文化の役割

精神と脳についての私たちの間違った考えの多くは、私たちの言語に深く根ざしており、何世紀ものあいだそうあり続けています。そこで、私たちの言語や文化から外に踏み出し、他の言語では世界の捉え方にどれほど違いがあるのか見てみることが役に立つでしょう。なぜなら、違う文化では、「精神」、「魂」、そして「自己」といった要素を（そして、「神」のような本当に神学的な概念も）、きわめて違った形で概念化しているかもしれないからです。もちろん、よりすぐれた言語とか文化とかがあるわけではありません。私たちの言語以外の言語も、ことばに基づく多くの錯覚が隠されています。しかし、それらは、私たち自身のものとはまったく違うものでしょう。

　すべての言語はコミュニケーションの解放者であるとともに、文化的牢獄であるとも言えます。コミュニケーションするためには言語が必要ですが、そのかわり、言語は私たちが理解することを曇らせもします。私たちの課題をすべて解決してくれるような、神秘的なオリエンタル文化などはありません。むしろ、異文化交流によって私たちの錯覚が打ち砕かれることが要点なのです。

「無神」「無自己」の宗教がどのようにその実践者に霊的経験への道筋を示すのかを知ることは示唆に富んでいます。禅の修行で使われるある物語があります。私がそれを選んだのは、禅の伝統が形而上学に曇らされていないからです。したがって、禅はより直接的に、広く世俗社会に語りかけることができます。

　これは、自分の牛を見失った牛飼いの少年の話です。伝統的に、それは10の絵と詩で語られます[3]。

1　中国語、日本語、韓国語の「神」ということばは、むしろこうした使われ方に近い。

2　スティーブン・バチェラーのすばらしい著作『西洋の覚醒（*The awakening of the West*）』（Batchelor, 1994）を読んだことがあれば、彼の業績の大きさは明らかだろう。

3　和田の『十牛図』（Wada, 2002）を参考にした。

牛飼い／十牛図

・牛飼いの少年はあてもなく草のあいだをつつきつつき、ずいぶん遠くまできて、山々はますます深くなった。少年は疲労困憊していた。

・それでも、水辺や木の下には牛がいた痕跡があった。少年は丈の高い香りのいい草々に尋ねた。「牛を見ましたか？」上を向いた牛の角をどうやって隠せるだろうかと少年は不思議に思った。

・木の枝の鳥がさえずり、日差しは暖かく、風は心地よい。土手の緑の柳の向こうにあるのは牛の角に間違いない。

・彼は牛を捕まえたが、牛は力強く、容易に言うことをきかない。牛は台地の上にかけのぼったり、深い霧の中へと飛び出して行き、出発するのを拒んだ。

・少年は鞭や縄を使わなかった。牛はおとなしくなった。縄を使わなくても、もう牛は少年に従う。

・少年は牛に乗り、笛を吹き、笛の音は夕焼けの雲にこだました。拍子の一つひとつ、節の一つひとつにえも言われぬ深みがあり、音楽を解するものには何のことばも必要なかった。

・少年は牛に乗って家路についた。いまでは、そこにはもう牛はいないが、少年は何の屈託もなかった。日は高かったが、少年はまだ夢見心地だった。鞭と縄は茅葺き小屋の中に捨て置かれた。

・鞭、縄、人、牛——すべては存在しない。青い空は広大で、何の知らせも聞こえない。それは雪片が燃えさかる炉の中に存在できないようなものだ。この状態になって、古の師と交わることができる。

・基本に返り、源まで戻るのに、私はそんなにも必死にならなければならなかった。もしかすると、目も見えず耳も聞こえない方がいいかもしれない。小屋の中からは外を見ることはできない――静かに流れる川、ただ赤い花。

・少年は裸足で、胸をはだけて街に入った。灰と埃にまみれ、満面に笑みを浮かべて。枯れ木に再び花を咲かせるのに、神や不死身の者の不思議な力など必要なかった。

この物語は、瞑想の手引きとして使われます。悟りに達する過程の一部として、瞑想によって心を抑制し、最終的には自己という錯覚を「忘却」することができます。このような意味での忘却という考えは、仏教に限ったことではありません。仏教以前の中国の哲学者たちも同じように考えていました。「忘却」についての老荘の哲学があります[4]。私は、それが特に音楽の練習に当てはまると思っています。熟達した音楽家は、曲を学ぶときにあれこれ思案したことをもはや考えないという意味で、文字通り「忘却」します。その結果、ただ「始め」と言うだけで、演奏が始まります。逆説的ですが、このような意味で、彼が「忘却」すればするほど、よりよい演奏ができるのです。

これは、高度に洗練されたプロセスです。そして、そのすばらしい点は、音楽家自身が自分が演奏しているのを観察して楽しめることです。これは、瞑想による「無我」あるいは「自己離脱」が目指していることと、きわめてよく類似しています。仏教徒はこれを「解脱」と呼んでいます。音楽家たちのなかには、演奏に際してこの境地にいたろうと、瞑想をする人たちもいます。

4　私が知るかぎり、この哲学に関してはジャン・レビの解釈がもっとも優れている（Jean Levi, 2003）。

もし、自己を神経生理学の対象としてではなく、解体することができる統合的プロセスとして認識すれば、ここで何が起こっているかをずっと簡単に理解することができます。

デカルトが考え出した「我」、そして現代の神経学が陥りがちなその現代版である「自己」とは対象であるという考えに私たちが固執しているのは、言語も文化もそれなしでいることを非常に難しくしているからであるとすれば、明らかに、その対象が存在しない文化があること（Houshmand et al., 1999）、あるいは少なくとも、脳と相互作用を及ぼす別個の実体（デカルトの見方）や脳自体の一部（現代の見方）という意味では存在しない文化もあることを知っておくのは、重要なことです。

「無我」、「没我」、そして「解脱」は、２５００年間、仏教徒の瞑想の目的の一部でした。世界には、さまざまな形式の仏教があり、修行のしかたも信仰もさまざまですが、この考え方は共通です。抽象的論議はほとんど、あるいはまったくなく、実践の規律があるだけの宗派もあります。信仰のない宗教とも言えるかもしれません。それゆえに、それが科学と衝突する可能性はありません。

この短い章で本書を終えようとしていますが、私の目的は、なにも仏教の宣伝をすることではありません。洞察が得られるならその出典がどこか、その洞察が含まれる全体像の残りの部分に賛成するかどうかは関係ありません。そこで、私が東洋の宗教を持ち出したことを心配に思う読者がいたなら安心してもらうために述べておくと、キリスト教の神秘論者、特にマイスター・エックハルトは、仏教と共通する洞察をいくつか述べています。しかし、エックハルトが属した文化の中でそのような思想を持つことは、東洋文化の中の仏教徒が同じ思想を持つよりも、格段に困難なことだったのではないかと思います。仏陀の後継者は何百万人もいますが、キリスト教の伝統においては、今日エックハルトの後継者はほとんどいないのですから。

理由のひとつは、仏教が繁栄している東アジアの言語の中に、「自己の不在」の可能性が深く染み込んでいることかもしれません。もしデカルトが日本人か韓国人だったら、あの有名な「コギト・エルゴ・スム」すなわち「我思う、ゆえに我あり」を考案することは非常に難しかっただろうと思います。日本語や韓国語でもっとも自然な言い方をするなら、「考える、ゆえにある」となるでしょう。主語はあまり使われません[5]。「私」（I, me）ということば、そして「あなた」（you）ということばはなおのこと、強調したいときにしか使われません。

また、「私」（I）にあたることばが動詞の形で表現されることもありません。ラテン語や英語と違って、主語によって動詞の形が活用しないからです。“I am” “you are” “he is” はみな、同じ形になります。文脈で、あるいは文脈だけでは充分ではないときには人の名前に言及することによって、誰のことかわかります。

これらの言語がしているのは、物事が「すること」、発生するプロセス、すなわち動詞を強調することで、「であること」や「すること」の所有者である主語を強調することではないように思えます。誰にも所有されなくていいことを言い表すかのように、動詞だけで完全な文になることもしばしばあります。

5　「コギト・エルゴ・スム」の韓国語訳、日本語訳には、もちろん「我」ということばが含まれています。デカルトのことばの意味を通じさせるには、そうしなければならないからです。

当然ながら、そのような文化では「自己」という概念も、ものというよりプロセスにずっと多くの共通点を持っています。自身の文化と言語の制限から逃れるために役立つのは、自己について次のように考えることです。自己すなわち「私」とは、私の体がある場所だ、と（第9章）。なぜなら自己とは、私の体のもっとも重要な統合的プロセスのひとつだからです。実に**システムズ**バイオロジーそのものです。

このように考えると、「個人的な言語」の中でいとも簡単に迷ってしまう哲学の迷宮を避けやすくなります。対象としての「私」を考える必要がないので、それが位置している脳の一部も探す必要がなくなります。

初めのうち、西洋人の目と耳には奇妙に思えるでしょう。私も初めはそうでしたが、韓国語や日本語のような東アジアの言語を使うほど、主語の欠落[6]から来る落ち着きのなさはどんどん減り、ますます自然に感じられるようになりました。心はいま起こっていること、そのプロセス、なされつつあることに焦点を当てています。主語を明示的に同定しないことがそれを達成するのです。そして、そのように思考を構築します。自己を対象として見るよりプロセスとして見ることが、より自然になるのです。

比喩としての自己

本書では比喩やたとえ話を活用してきました。重要だと思われる心的態度を変化させる刺激としてです。すでに科学界の同僚から非難の声がわき上がるのが聞こえます。「言いたいことのすべてを事実に即して科学的なことばで述べることはできないのか？」短く答えるなら、「ノー」です。もう少し長く答えるなら、「ノー、**そしてあなただってできない**」です。

比喩は私たちが認める以上にもっと深く、言語や思考過程の中に根ざしています。比喩なしに、人間にとって重要な意味を持つことを言うことはほとんどできません。詩やその他の文学形式は明らかにそうですが、科学的なことばにもまた当てはまります。

たとえば「今日は気温が高い」という科学的なことを言う場合でさえ、すでに比喩が使われています。どうして暑さは高さという次元の比喩的な表現で測定されなければならないのでしょうか？　暑いときには、温度計の水銀が上がるからです。もし最初の温度計が暑いときに下に曲がるバイメタル板だったらどうだったでしょう。私たちは夏になると「今日は気温が低い」と言っていたかもしれません。

生物学的組織でも、高レベルと低レベルということばを使います。遺伝子や蛋白質は最下層で臓器や生理学的システムは最上層です。生物科学者はそうした組織レベルの分類なしでやっていくのは難しいと考えるでしょうが、これも比喩的なものだと認識しなければなりません。遺伝子は体中の細胞の中にあります。神経系も同じで、いたるところに枝分かれしています。生物学的な尺度におけるこうした「上」とか「下」は、比喩的なものです。

6　これらの言語が「pro-drop」言語（主語省略可能言語）と呼ばれる所以である。

どんな比喩も特有の先入観を生み出します。この場合、高レベルは低レベルによって説明される必要があると感じられるものです。その反対は、私たちの科学的思考では不自然に見えます。

しかし、私たちが自然を所有しているわけではないし、自然が私たちの思考様式を共有する必要もありません。実際に、自然は思考しないし、どんな偶然の機能的な相互作用であれ利用して、生存の可能性に付け加えることができるのです。たとえば、進化の過程の早い段階、いわゆるRNAワールドでは、遺伝子と酵素の区別は存在しなかったようです。

「高い」「低い」「内」「外」「上」「下」といったことばはしばしば、言語の中で比喩的な使われ方をします。それらなしではやっていけません。このような比喩は私たちの言語の中にあまりにも長いあいだ存在し、岩の中の化石のごとくに忘れられて埋まっているので、比喩だと意識されずにいます。そこには、私たちの言語に仕組まれた哲学上の罠が多数あります。正確には、私たちはそれがどのように思考を前もって処理するのか気づいていないので、罠から逃れるのがいっそう難しいのです。

自己も、同じように隠された比喩です。非常に便利で重要なものでもあります。仮想的なものである自己が、「あたかも」「私」のすることすべてをしていると言えるかもしれません。私たちの文化では、他の多くの面でも、つじつまが合うようにするためにそうした比喩が必要です。たとえば、法的な理由で、私たちは責任が人びとにあると考えなければなりません。

しかし、こうした文化的な要請があるからといって、動作主体としての特徴を備えた一貫した統合プロセスではなく、物質的な対象が進化すべきだということにはなりません。私たちは法的責任を政府や会社など他のものに帰することに困難を感じませんが、それらは物質的な対象ではなく、明らかに動作主体です。自己との関連で問題になってくるのは一貫性と合理性であって、「私」だと同定できる神経細胞のかたまりではありません。

音楽家はもういない

私は本書の表題を『生命の音楽』としましたが、それは音楽もまたプロセスであり、ものではないからです。そして、音楽は全体として鑑賞されなくてはなりません。音楽をことばで表現するのが難しいことは周知の事実です。牛飼いの少年もこう気づきました。

「音楽を解するものには何のことばも必要なかった。」

または西洋の哲学者のことばを好む読者には、まったく同じことがウィトゲンシュタインの『論理哲学論考』の結びに述べられています。

「語りえないことについては、沈黙するほかない。」

自己はプロセスであると説明することでさえ、それ自体に限界のある比喩です。レオナルド・ダ・ヴィンチはこう述べて、詩と絵画を比較しています。

「魂が調和でできていることを知らないのか？」

ダ・ビンチは、絵画は詩よりも優位にあると見なしました。絵画は「調和」をいっぺんに描けるので「見る」だけで直ちに知覚されますが、詩や音楽を書くには段階的な論理が必要で、順々に「聞く」必要があるからです。

しかし私は、すでに言語が容易に許容する範囲をはるかに超えてしまいました。読者が理解のためのこの特製のはしごをすでに登られたなら、そのようなことは選択の問題だということがおわかりになるでしょう。比喩は選ぶことができ、押しつけられる必要はないのです。そろそろ、読者自身の考えに委ねるべきときが来たようです。

この小さな本のカーテンコールの幕があがると、もう音楽家はいません。

訳者あとがき

デニス・ノーブル教授の *Music of Life*（生命の音楽）は、これからのあたらしい時代の統合生命科学の基本的な考え方とその方法を明確に提示しています。まさに、時宜を得た本であると思います。ノーブル教授は大学院生時代に心筋細胞の活動電位のモデル化とシミュレーションを世界で初めて行いました。以来、先生は心筋電気生理学において世界を主導する立場の研究者であり続けて来ました。わたしは１９８０年にスイス・ベルンで開催された第４回ヨーロッパ心臓ワークショップに恩師の故入沢宏先生にお供して参加した時、はじめてノーブル先生とお会いする機会を得ることができました。当時、ノーブル先生は心臓のペースメーカー成立機構研究の世界の中心で、まぶしいくらいの活躍をされていました。心筋電気生理の世界の最高権威というべき立場で、わたしも含め多くの日本の研究者も、先生の *Initiation of the Heartbeat* をはじからはじまで読んで勉強したものでした。その後、ノーブル先生は *Logic of Life*, *The Ethics of Life* など、いくつものすぐれた本を著され、生命科学をめぐる科学哲学にまで踏み込んだ考察をされてきています。今回の *Music of Life* は、初期の心臓興奮とリズムに関する研究から発展し、次の時代の中心となるべきシステムズバイオロジー研究に到達された先生の研究上での実体験と科学哲学的考察を基礎に、様々な比喩をまじえながら一般の読者に充分理解して欲しいという願いを込めて執筆されています。先生の熱いメッセージが、本書の随所に感じられます。

現在、生命科学に関しての一般の方々の関心と期待は、これまでにないほどに高まっていると思います。それには、20世紀後半の生命科学の急速な発展に対する驚きと多機能細胞などを代表とする無限の可能性への期待があるものと思われます。その中で、本書は、これからの生命科学のひとつの新しい重要な方向性を指し示しているものです。それが、フィジオーム・システムズバイオロジーと呼ばれるようになっている分野です。

これまで生命科学は、より詳細なメカニズムへ、より系を単純化し、より分析的に、より明確に、生命の基本メカニズムをあきらかにする、いわゆる「還元主義」の科学を進めてきました。そして、20世紀のおわりには、ついにヒトのゲノムのすべての塩基配列が決定され、そこには遺伝子が約3万弱存在することもあきらかにされました。これは営々と続いてきた「還元主義」生命科学のひとつの象徴的到達点であり、これからもこの情報を基礎に、さらに還元主義の生命科学の偉大な成果がつぎつぎと生み出されてくることは疑いようがありません。「遺伝子」というものが、生命にとっての本質で、もっとも重要であり、かつ全てを決定している、という考え、あるいはある種のドグマが、生命科学の世界ばかりでなく一般社会にも広がっているのは、充分に理由のあることと思います。

しかしながら、これまで驚異的に発展してきた還元主義的生命科学を基礎として、「統合」による生体機能の理解を進めるべき時代となっている、と主張するのが本書の主旨です。還元主義的情報の総体がフィジオームであり、その総体を生体機能として理解するための原理がシステムズバイオロジーです。システムズバイオロジーには、還元主義と同様な厳密な論理が必要ですが、それは還元主義生命科学とは違います。それを検証し確立することが、これからの生命科学の発展に必須である、と本書は主張しています。

近代哲学の祖といわれる17世紀初頭のルネ・デカルトは「コギト・エルゴ・スム（我思う故に我あり）」という命題で有名ですが、その著書『方法序説』で、科学的研究の方法を（1）明証の原理、（2）還元（分割）の原理、（3）統合の原理、（4）枚挙の検証、という4つの段階で行うことを提唱しました。第一の原理は、明証的に真であると認めたもの以外、決して受け入れない事。第2は、考える問題を出来るだけ小さい部分にわけ、明らかにすること。いわゆる、還元主義です。この還元主義的生命科学により素子の膨大な情報が蓄積されるにつれ、その素子が生体機能をどのように構築しているのか、ということを明らかにしたい、という第3の原理である「統合の原理」が、生命科学においても推進される時代となってきたと捉えることもできるでしょう。本書は、そのフィジオーム・システムズバイオロジー分野の考え方の基礎、原理をあきらかにしようとしているのです。

本書では、統合としての生命あるいは生物個体の理解の原理とその方法論を、音楽になぞらえながら展開しています。「はじめに」でノーブル先生はその立場を明確にされ、「もし、どこかにあるとすれば、生命のプログラムはどこにあるのか?」ということを本書の主題として考える、という立場を明言されています。この生命のプログラムというのは、「生体機能」を成立させるためのプログラムという意味で用いられています。

第1章では、「利己的な遺伝子」という遺伝子決定主義に対して「囚人としての遺伝子」という対立概念を検証しながら、遺伝子と生体機能の関係を検証してゆき、遺伝子決定主義の問題点をあきらかにし、遺伝子・蛋白質という要素と細胞・組織・器官・個体という生命の階層性と、要素と高次機能との関係を考察しています。ここでは、ボトムアップでの決定論の問題的に言及します。

第2章では、「3万の遺伝子」をパイプオルガンに譬えています。たった3万といいますが、実は無限の多様性を説明するのに充分であること、むしろ、全宇宙の物質を使ってどれほどの時間を費やしてもその可能性をすべて試すことはできない「組み合わせ爆発がおこる」という非線形の世界であること、を論証します。

第3章では、〝ゲノムは「生命の本」か〟という課題のもと、水・脂質などの分子や外界の環境というゲノムに書かれていないことが生体とその機能の成立に不可欠であることに焦点をあてています。

第4章では、生命の階層性の中で、ゲノムが何を提供し、どのように生体において利用されるのか、その時の各階層の間の相互作用とシステムとしての制御の重要性を論証しています。さらに、種々の階層の中で、優位な階層などはない、ということを強調します。また、ゲノムの役割を考察する中で、遺伝の問題、進化の問題へと話題は広がってゆきます。

第5章では、ノーブル先生自身の研究、心臓拍動の還元主義的研究の中で、生体システムとしての考え方がどのようにして生まれ、システムズバイオロジーへ発展して来たのか、ということを述べています。さらに、これがいわゆる生気説でもなければ、還元主義の亜種でもなく、別途の基本的な概念を必要とするあたらしい科学領域であることを熱く主張しています。その中で、生体機能と遺伝子を直接関連付けること（たとえば、時計遺伝子と名付けること）の不合理性と危険性にも言及しています。

第6章では、トップダウン、ボトムアップ、そしてミドルアウトという考え方を検証し、システムズバイオロジーの方法論とその目標について、仮想心臓（Virtual Heart）を例に具体的に述べています。

第7章では、進化論についての考察へと進んでゆきます。ダーウィンの自然選択と「ラマルキズム」で表される獲得形質の遺伝、あるいは、多細胞生物が選択されるための必要条件、などを検討し、システムズバイオロジーの視点からの進化論を展開しています。

第8章では、さらに進化論を押し進め、モジュール性、重複性、頑健性、そしてフィードバック制御、というシステムズバイオロジーにとって不可欠な論理基盤についての考察を加えています。さらには、比喩的に「ファウストの悪魔との契約」という表現で、羅針盤なき進化と現在の生物界をもたらした生命の論理についての考察へと進んでいます。

第9章では、階層性の最高位としての脳を対象として、「意識」という課題に果敢に挑戦しています。意識・心に関する考察から、脳と自己という課題へと展開して行きます。

第10章では、言語・文化にまで、考察は進みます。言語・文化が、如何に生命観にかかわるか、さらに「我」「自己」といった認識にかかわってくるのかについて、言及しています。

以上のように、本書はあたらしい時代の統合的生命科学の重要性を一歩一歩段階的に論証しています。その思考の中心は、高次の生体機能をもたらす「生命の階層性」を明確に意識し、それを統合のためのフレームワーク（多階層生命科学とも言うべきでしょう）として設定していることだと思います。その階層性は当然のごとく、脳へ達し、言語、社会、文化というレベルに至ることになります。

ここで、生命科学と哲学・思想が深く関わって来ることになります。あたらしい統合的生命科学の基本概念と原理は、本書を読まれたそれぞれの方々がこれから考え、創り、完成させてゆくことになるのでしょう。統合的生命科学の時代は始まったばかりなのです。

おわりに

「*Music of Life* を日本語に訳したいのだが、やってもらえないか」とノーブル教授がわたしに言われたのは、丁度2年ほどまえの２００７年６月のことでした。ベルギー・ブリュッセルで開催された、ヨーロッパ連合の Healthcare Framework 7 という健康科学に関する政策の中で進んでいる Virtual Physiological Human Project の打ち合わせの大会に、わたしが諮問委員会のメンバーとして参加した時のことでした。この大会でも、ノーブル先生はこの分野の象徴的存在で、プロジェクトの推進を主導されていました。わたしは、ノーブル先生が生命科学者としての人生の集大成として本書を著されたと思い、大変名誉なことと喜んでお引き受けいたしました。その約1年後、２００８年3月に新曜社の塩浦社長からご連絡をいただき、それが現実のものとなりました。本書を訳しながら、生命の統合科学としてのシステムズバイオロジーの基本概念とその方法論に関して、眼を洗われるような思いをすることも度々でした。その思いを充分に伝えられる訳になっているかどうか、不安を感じています。所々に様々な比喩を使ってのノーブル先生の教養についてゆけたという自信はありませんが、できるかぎり先生が意図されていることが伝わるように、という思いを持って翻訳させていただきました。一人では自信もなく、教室の古谷和春くんにはこの翻訳を随分と助けていただきました。ここに、深甚の感謝の意を表したいと思います。

本書の翻訳は、第36回国際生理学会世界大会（京都大会）の準備の真っ最中に行うことになりました。国際生理学会世界大会は約１５０年の歴史があり、生命科学分野ではもっとも古くかつ権威のあるものです。特筆すべきは、この統合的生命科学を目指す国際生理学会のフィジオーム委員会が１９９７年に設置され、組織的に推進されて来ていることです。この会の委員長は本書にもしばしば出てくるニュージーランド、オークランド大学のピーター・ハンター教授です。まさに、日本への世界大会の招致は、２００１年のニュージーランド、クライストチャーチでの第34回大会の折に行いましたが、その時の理事会メンバーにもノーブル先生がおられ、ハンター先生からも多大のご支援をいただきました。それから4年後のサンディエゴ大会を経て、いよいよ本年（２００９）が京都大会の開催です。日本での開催はほぼ半世紀ぶりです。京都大会のメインテーマは、生命の機能――要素と統合です。まさに、統合的生命科学の時代を真正面からテーマとしています。統合的生命科学は、これまでになかった「予測」可能性を生物学に導入し、近い将来、医学・医療の革新をもたらすものと考えられます。また、これは、生体工学者であるハンター先生と生理学者であるノーブル先生の協力のように、種々の分野が協力して推進して行かねばならない学際的科学分野です。

この本の出版は、第36回国際生理学会世界大会（京都）の直前になることになりました。本書の最後の章「カーテンコール――音楽家はもういない」での音楽家は、ノーブル先生ご自身なのでしょう。静かに幕が再びあがると音楽家は静かに退場していた、このようなことを、ノーブル先生が口にされたことがありました。ところが、ノーブル先生は、今度、国際生理科学連合を代表する立場に就かれることになったということです。本書に書かれた理念を基盤として、先生は今後も統合的生理科学研究の世界のリーダーであり続けられるのだろうと確信しているところです。

本書が、これからの生命科学を志す多くの方々にとっても、何らかの示唆になれば、訳者として、望外のよろこびです。

2009年6月吉日

倉智　嘉久

生命の音楽

ゲノムを超えて——システムズバイオロジーへの招待

初版第1刷発行　2009年6月30日©

著　者　デニス・ノーブル

訳　者　倉智嘉久

発行者　塩浦　暲

発行所　株式会社 新曜社

〒101-0051　東京都千代田区神田神保町2-10

電話(03)3264-4973(代)・Fax(03)3239-2958

e-mail info@shin-yo-sha.co.jp

URL http://www.shin-yo-sha.co.jp/

印刷　銀河　Printed in Japan

製本　難波製本

ISBN978-4-7885-1172-9　C1045

著者紹介

デニス・ノーブル（Denis Noble）

英国オックスフォード大学名誉教授。

心筋電気生理の世界的権威。大学院生時代の心筋細胞活動電位モデルの研究で、一躍、心筋電気生理学の世界的な中心研究者の一人となる。心臓ペースメーカーメカニズムの研究を中心課題として、電気生理学とモデルを駆使した研究を続け多大の貢献を成し遂げた。現在はフィジオーム・システムズバイオロジーの世界的なオピニオン・リーダーである。1936 年ロンドンに生まれる。1958 年ロンドン大学（UCL）を優等で卒業。1961 年 Ph.D. 取得。1961 年ロンドン大学で生理学教室助手、1963 年オックスフォード大学講師、1984 年同心臓血管生理学バードン・サンダーソン講座教授、2004 年からは、オックスフォード大学ベイリオル・カレッジ名誉教授。オックスフォード大学 e -サイエンス・センター共同センター長。1979 年には英国王立協会の会員に選出されるなど、数々の栄誉に輝く。英国生理学会、米国生理学会、日本生理学会の名誉会員。

代表的著書：*The Initiation of the Heartbeat*（OUP, 1975, 1979）Noble, D.；*Electric Current Flow in Excitable Cells*（OUP, 1975, 1988）Jack, J.J.B., Noble, D. & Tsien, R.W.；*The Logic of Life*（OUP, 1993）Boyd, C.A.R. & Noble, D.；*The Ethics of Life*（UNESCO 1997）Vinvent, J.-D. & Noble, D.

訳者紹介

倉智嘉久（くらち　よしひさ）

大阪大学大学院医学系研究科教授、臨床医工学融合研究教育センター長。

1953 年神戸に生まれる。1978 年東京大学医学部医学科卒業、1980 年より生理学研究所助手。故入沢宏教授のもとで、心筋電気生理学の研究を開始。その年の晩秋にはじめてデニス・ノーブル教授と出会う。1982 年～ 83 年西ドイツのマックスプランク生物物理化学研究所（バート・サックマン教授）。1986 年東京大学医学部第２内科助手。自律神経による心臓徐脈の分子機構を解明。1990 年アメリカ、メイヨー医科大学アシスタントプロフェッサー、1992 年同アソシエートプロフェッサー。1993 年大阪大学医学部第 2 薬理学教授。2004 年大阪大学臨床医工学融合研究教育センター長（兼任）。

著書：『心筋細胞イオンチャネル：心臓のリズムと興奮の分子メカニズム』（文光堂）2000

索　引

◆さ行

◆な行

◆は行

◆ま行

◆や行

◆ら行

◆わ行

文　献

Anway, M. D., Cupp, A. S., Uzumcu, M., and Skinner, M. K. (2005). Epigenetic transgenerational actions of endocrine disruptors and male fertility. *Science, 308*, 1466-9.

Armstrong, D. M. (1961). *Perception and the physical world*. London, Routledge & Kegan Paul.

Batchelor, S. (1994). *The awakening of the West: the encounter of Buddhism and Western culture*. Berkeley, Parallax Press.

Bateson, P. (2004). The active role of behaviour in evolution. *Biology and Philosophy, 19*, 283-98.

Bennett, M. R. and Hacker, P. M. S. (2003). *Philosophical foundations of neuroscience*. Oxford, Blackwell.

Black, D. L. (2000). Protein diversity from alternative splicing: a challenge for bioinformatics and post-genome biology. *Cell, 103*, 367-70.

Celotto, A. M. and Graveley, B. R. (2001). Alternative splicing of the *Drosophila Dscam* pre-mRNA is both temporally and spatially regulated. *Genetics, 159*, 599-608.

Coen, E. (1999). *The art of genes: how organisms make themselves*. Oxford University Press.

Colvis, C. M., Pollock, J. D., Goodman, R. H., Impey, S., Dunn, J., Mandel, G. et al. (2005). Epigenetic mechanisms and gene networks in the nervous system. *Journal of Neuroscience, 25*, 10375-89.

Cornman, J. W. (1975). *Perception, common sense and science*. New Haven and London, Yale University Press.

Crampin, E. J., Halstead, M., Hunter, P. J., Nielsen, P., Noble, D., Smith, N., and Tawhai, M. (2004). Computational physiology and the Physiome Project. *Experimental Physiology, 89* (1), 1-26.

Crick, F. H. C. (1994). *The astonishing hypothesis: the scientific search for the soul*. London, Simon & Schuster. [フランシス・クリック／中原英臣訳 (1995)『ＤＮＡに魂はあるか：驚異の仮説』講談社]

Dawkins, R. (1976) *The selfish gene*. Oxford University Press. [リチャード・ドーキンス／日高敏隆他訳 (1980)『生物＝生存機械論：利己主義と利他主

義の生物学』紀伊国屋書店］

Dawkins, R.（1976）. Hierarchical organisation: a candidate principle for ethology. In *Growing points in ethology: based on a conference sponsored by St. John's College and King's College, Cambridge*（ed. P. P. G. Bateson and R. A. Hinde）, pp. 7-54. Cambridge University Press.

Dawkins, R.（1982）. *The extended phenotype: the gene as the unit of selection*. London, Freeman.［リチャード・ドーキンス／日高敏隆・遠藤彰・遠藤知二訳（1987）『延長された表現型：自然淘汰の単位としての遺伝子』紀伊国屋書店］

Dawkins, R.（2003）. *A devil's chaplain*. London, Weidenfeld & Nicolson.［リチャード・ドーキンス／垂水雄二訳（2004）『悪魔に仕える牧師：なぜ科学は「神」を必要としないのか』早川書房］

Deisseroth, K., Mermelstein, P. G., Xia, H., and Tsien, R.W.（2003）. Signaling from synapse to nucleus: the logic behind the mechanisms. *Current Opinion in Neurobiology, 13*, 354-65.

Dover, G.（2000）. *Dear Mr Darwin: letters on the evolution of life and human nature*. London, Weidenfeld & Nicolson.［ガブリエル・ドーヴァー／渡辺政隆訳（2001）『拝啓ダーウィン様：進化論の父との15通の往復書簡』光文社］

Downer, L.（2003）. *Madame Sadayakko: the geisha who seduced the West*. London, Headline.［レズリー・ダウナー／木村英明訳（2007）『マダム貞奴：世界に舞った芸者』集英社］

Feytmans, E., Noble, D., and Peitsch. M.（2005）. Genome size and numbers of biological functions. *Transactions on Computational Systems Biology, 1*, 44-9.

Foster R., and Kreitzman, L.（2004）. *Rhythms of life: the biological clocks that control the daily lives of every living thing*. London, Profile Books.［ラッセル・フォスター，レオン・クライツマン／本間徳子訳（2006）『生物時計はなぜリズムを刻むのか』日経ＢＰ社／発売；日経ＢＰ出版センター］

Gould, S. J.（2002）. *The structure of evolutionary theory*. Cambridge, MA Belknap Press of Harvard University Press.

Hardin, P. E., Hall, J. C., and Rosbash, M.（1990）. Feedback of the *Drosophila* period gene product on circadian cycling of messenger RNA levels. *Nature, 343*, 536-40.

Houshmand, Z., Livingston, R. B., and Wallace, B. A.（eds.）（1999）. *Consciousness at the crossroads: conversations with the Dalai Lama on brain science*

and Buddhism. New York, Snow Lion Publications.

Hunter, R. J., Robbins, P., and Noble, D.（2002）. The IUPS Human Physiome Project. *Pflügers Archiv - European Journal of Physiology, 445*, 1-9.

International_HapMap_Consortium（2005）. A haplotype map of the human genome. *Nature, 437*, 1299-319.

Jacob, E.（1970）. *La Logique du vivant, une histoire de l'hérédité*. Paris, Gallimard.［フランソワ・ジャコブ／島原武・松井喜三訳（1977）『生命の論理』みすず書房］

Jablonka, E. and Lamb, M.（2005）. *Evolution in four dimensions: genetic, epigenetic, behavioral, and symbolic variation in the history of life*. Cambridge MA, and London, MIT Press.

Konopka, R. J. and Benzer, S.（1971）. Clock mutants of *Drosophila melanogaster*. *Proceedings of the National Academy of Sciences, 68*, 2112-16.

Kövecses, Z.（2002）. *Metaphor: a practical introduction*. Oxford University Press.

Kupiec, J. -J. and Sonigo, P.（2000）. *Ni Dieu ni gene*. Paris, Seuil.

Lakoff, G. and Johnson, M.（2003）. *Metaphors we live by*. University of Chicago Press.［G・レイコフ，M・ジョンソン／渡部昇一・楠瀬淳三・下谷和幸訳（1986）『レトリックと人生』大修館書店］

Lamarck, J. -B.（1994）. *Philosophie zoologique*; original edition of 1809 with introduction by Andre Pichot. Paris, Flammarion.［ラマルク／小泉丹・山田吉彦訳（1954）『動物哲学』岩波書店］

Levi, J.（2003）. *Propos intempetifs sur le Tchouang-tseu*. Paris, Editions Allia.

McMillen, I.C. and Robinson, J. S.（2005）. Developmental origins of the metabolic syndrome. *Physiological Reviews, 85*, 577-633.

Maynard Smith, J.（1998）. *Evolutionary genetics*. New York, Oxford University Press.［ジョン・メイナード＝スミス／巌佐庸・原田祐子訳（1995）『進化遺伝学』産業図書］

Maynard Smith, J. and Szathmáry, E.（1999）. *The origins of life: from the birth of life to the origin of language*. New York, Oxford University Press.［ジョン・メイナード・スミス，エオルシュ・サトマーリ／長野敬訳（2001）『生命進化８つの謎』朝日新聞社］

Mayr, E.（1982）. *The growth of biological thought: diversity, evolution and inheritance*. Cambridge, MA, and London, Belknap Press.

Monod, J. and Jacob, F.（1961）. *Cold Spring Harbor Symposia Quantitative*

Biology. 26, 389-401.

Noble, D. (2002). The rise of computational biology. *Nature Reviews Molecular Cell Biology, 3*, 460-3.

Noble, D. and Noble, S. J. (1984). A model of sino-atrial node electrical activity based on a modification of the DiFrancesco-Noble (1984) equations. *Proceedings of the Royal Society of London, Series B, 222*, 295-304.

Noble, D., Denyer, J. C., Brown, H. F., and DiFrancesco, D. (1992). Reciprocal role of the inward currents $i_{b,Na}$ and i_f in controlling and stabilizing pacemaker frequency of rabbit sino-atrial node cells. *Proceedings of the Royal Society of London, Series B, 250*, 199-207.

Novartis_Foundation (1998). *The limits of reductionism in biology*. Chichester, Wiley.

Novartis_Foundation (2001). *Complexity in biological information processing*. Chichester, Wiley.

Novartis_Foundation (2002). *In silico simulation of biological processes*. London, Wiley.

Pichot, A. (1999). *Histoire de la notion de gène*. Paris, Flammarion.

Schrödinger, E. (1944). *What is life? The physical aspect of the living cell*. Cambridge University Press. ［E・シュレーディンガー／岡小天・鎮目恭夫訳(2008)『生命とは何か：物理的にみた生細胞』岩波書店］

Smith, N. P., Pullan, A. J., and Hunter, P. J. (2001). An anatomically based model of transient coronary blood flow in the heart. *SIAM Journal of Applied Mathematics, 62* (3), 990-1018.

Stelling, J., Klamt, S., Bettenbrock, K., Schuster, S., and Gilles, E. D. (2002). Metabolic network structure determines key aspects of functionality and regulation. *Nature, 420*, 190-3.

Stevens, C. and Hunter, P. J. (2003). Sarcomere length changes in a model of the pig heart. *Progress in Biophysics and Molecular Biology, 82*, 229-41.

Tomlinson, K. A., Hunter, P. J., and Pullan, A. J. (2002). A finite element method for an eikonal equation model of myocardial excitation wavefront propagation. *SIAM Journal of Applied Mathematics, 63*, 324-50.

Wada, S. (2002). *The oxherder*. New York, George Braziller.

Watson, F. L., Puttnam-Holgado, R., Thomas, F., Lamar, D. L., Hughes, M., Kondo, M. *et al.* (2005). Extensive diversity of Ig-superfamily proteins in the immune system of insects. *Science, 309*, 1874-8.